NOTICE

SUR LES

INSECTES NUISIBLES

AUX ARBRES ET AUX PLANTES

DE LA FRANCHE-COMTÉ,

PAR

J. BATAILLARD,

GREFFIER A AUDEUX,

MEMBRE DE LA SOCIÉTÉ IMPÉRIALE ET CENTRALE D'AGRICULTURE DE FRANCE,
DE LA SOCIÉTÉ BOTANIQUE, DE LA SOCIÉTÉ LINNÉENNE DE BORDEAUX,
DES SOCIÉTÉS D'AGRICULTURE OU ACADÉMIES D'ALEXANDRIE,
DE CLERMONT, DIJON, FLORENCE, LYON, MARSEILLE, MILAN, MOSCOU, MUNICH,
NEW-YORCK, STOCKHOLM, VARSOVIE, ETC.

Ouvrage couronné d'une médaille d'or de la Société centrale d'Agriculture.

BESANÇON,

IMPRIMERIE ET LITHOGRAPHIE DE J. JACQUIN,

Grande-Rue, 14, à la Vieille-Intendance.

1865.

NOTICE

SUR LES

INSECTES NUISIBLES AUX ARBRES ET AUX PLANTES.

De tous les êtres vivants, ceux qui paraissent le moins utiles sont à coup sûr les insectes. Ils ont cependant un rôle à jouer et tiennent leur place dans l'harmonie générale. S'attaquant de préférence à tout ce qui est chétif et malingre, ils suppriment la maladie, précipitent la mort et accélèrent le retour de la vie ; ils dissèquent les cadavres et purgent l'atmosphère des miasmes fétides qu'y répandrait la décomposition des corps organisés. Malheureusement, ils ne s'en tiennent pas là, et avec une implacable voracité ils s'en prennent, faute de mieux, aux êtres pleins de vie. Chacune de leurs innombrables espèces a son jour et sa saison, chacune sa plante ou son animal, et si la multiplication n'en était contenue, ils occasionneraient les plus grands dégâts.

Quiconque a, pendant les fortes chaleurs de l'été, traversé certaines prairies ombragées et humides, sait combien on est fatigué par les taons et les cousins : chassez-les, ils reviennent; tuez-les, ils sont remplacés par d'autres. Contre eux, pas d'autre remède que la fuite. Les *tics* ne valent pas mieux : ce sont d'autres parasites, très rares à la vérité, de la grosseur d'une tête d'épingle, qui vivent dans les herbes et s'attachent aux jambes en plongeant dans la chair jusqu'à mi-corps. On ne peut les enlever qu'en les enduisant d'huile : ils laisseraient leur tête dans la plaie plutôt que de lâcher prise. Ces insectes cependant sont plus désagréables que nuisibles. Il n'en est pas de même de ceux qui, exclusivement herbivores, causent parfois aux plantes un mal irréparable. Au premier rang figurent les chenilles, qui, dévorant les feuilles, privent les arbres de leurs organes respiratoires et en entravent la végétation quand elles n'en occasionnent pas la mort. Destinées à devenir plus tard des papillons inoffensifs (1), aux brillantes couleurs, au vol timide et indécis, à la

(1) On sait que, comme tous les insectes, les *lépidoptères* subissent plusieurs transformations avant d'arriver à l'état parfait. L'œuf produit la *larve* ou chenille, qui, après un temps plus ou moins long, passe à l'état de *nymphe* ou *chrysalide*. C'est de celle-ci que sort l'insecte parfait qu'on appelle *papillon*, et qui périt le plus souvent après avoir pondu de nouveaux œufs. On les partage

trompe en spirale, faite pour pomper les sucs des fleurs, elles sont, pendant la première période de leur existence, d'une voracité effrayante, qu'explique du reste une croissance très rapide, et dévastent des cantons entiers comme si le feu y avait passé. Si les chenilles mangent les feuilles, il est d'autres insectes qui s'en prennent aux fleurs, aux fruits, à la tige, qui creusent le bois, le minent, le perforent en tout sens. Quelques-uns s'attaquent aux racines, d'autres aux bourgeons; tous font des blessures plus ou moins graves. Ils occasionnent parfois des phénomènes de végétation assez curieux : tantôt ils font dévier les branches, tantôt ils provoquent des excroissances cornées sur les feuilles. La noix de galle, d'un emploi très répandu en teinture, est produite par la piqûre d'un insecte appelé *cynips*, qui pond ses œufs dans les bourgeons du chêne. En se développant, le bourgeon piqué donne naissance à cette petite noix sphérique qu'on récolte vers le milieu de juillet.

Tous les insectes ne vivent pas indifféremment sur tous les arbres ; ils ont leurs essences de prédilection, et ils ne s'adressent à d'autres que lorsqu'ils sont poussés par la faim. Les bois résineux souffrent beaucoup plus de leurs ravages que les bois feuillus, parce qu'une fois leurs aiguilles tombées, ils meurent infailliblement.

De tous les arbres, le plus menacé, c'est le pin.

Dans sa jeunesse, c'est la larve du hanneton qui mange ses racines ; c'est l'*hylobe*, coléoptère long de deux centimètres, armé d'une trompe cornée, qui ronge l'écorce ; c'est l'*hylésine*, qui perfore les nouvelles pousses ; puis viennent les nombreuses espèces de chenilles qui dévorent cette essence : ce sont les *noctuelles*, les *pyrales*, les *bombyx pinivores*, les *lyparis* ; c'est enfin la plus terrible de toutes, le *lasiocampe* du pin.

L'épicéa et le sapin, moins exposés que le pin aux ravages des chenilles, le sont davantage à ceux des xylophages. L'un de ces insectes, coléoptère de deux millimètres de long, du genre *bostriche*, a mérité le nom de *typographe* à cause de la régularité des galeries qu'il creuse.

Dans les forêts d'essence feuillue, l'insecte le plus à craindre est le hanneton. Les larves, connues aussi sous le nom de vers blancs, sortent d'œufs déposés en terre ; elles y passent trois années, pendant lesquelles elles rongent les racines de toutes les plantes, n'épargnant pas plus les arbres que les blés et les fourrages. A l'état parfait, les hanne-

en trois familles, dont l'une comprend les *diurnes* ou papillons proprement dits, qui volent le jour et ont les antennes renflées au sommet ; une autre se compose des *crépusculaires* ou des *sphinx*, qui volent le soir et dont les antennes sont en fuseau ; et la troisième comprend les *nocturnes* ou les phalènes, qui volent la nuit. Dans cette dernière famille on remarque les phalènes proprement dites, les *bombyx*, les *noctuelles*, les *pyrales* ou *tordeuses*, les *teignes*, dont les chenilles dévorent les grains, les fourrures et les étoffes.

tons ne sont pas moins nuisibles : ils se nourrissent de feuilles, et n'en laissent parfois plus une seule sur les arbres décharnés. Ils sont quelquefois si abondants qu'on a cherché à en tirer parti. On s'en sert comme engrais, on les donne en nourriture aux poules, on en fabrique de l'huile, du gaz, de la graisse à chariot, etc. Les chenilles sont peu à redouter dans les forêts feuillues, quoique les *lyparis*, les *bombyx processionnaires*, les *cossus-gâte-bois*, y laissent souvent des traces de leur passage.

La multiplication des insectes, surtout celle des chenilles, n'est pas constante, et s'opère parfois d'une manière irrégulière et par soubresauts. Il arrive souvent que pendant plusieurs années on aperçoit seulement quelques individus d'une même espèce, et qu'on se trouve un beau jour en présence d'une invasion formidable que rien ne faisait prévoir. Lorsqu'on songe que, si les circonstances sont favorables, un seul couple de *lasiocampes* peut, en trois années, produire deux millions d'individus, il est inutile de parler de générations spontanées ou de pluies de chenilles : qu'il se rencontre deux ou trois couples par hectare, et le territoire est infesté.

A l'époque de leurs diverses transformations, ces *lépidoptères* sont très sensibles aux influences atmosphériques. Souvent alors un simple orage en fait périr des quantités prodigieuses. A part ces courts instants, ils sont très robustes, et l'on a vu des chenilles supporter des froids de 50 degrés, se congeler complètement, sans perdre leur vitalité. C'est dans les années aux hivers secs et froids et aux étés chauds que les multiplications excessives sont le plus à craindre.

En présence des dégâts causés par les insectes, les moyens employés pour en atténuer les effets et en empêcher l'extension sont, les uns préventifs, les autres répressifs. Ainsi le seul remède réel contre les insectes xylophages par exemple, c'est d'entretenir les forêts en bon état, d'en extraire les arbres morts ou dépérissants, d'écorcer ceux qui sont abattus, et d'enlever avant le printemps, c'est-à-dire avant l'éclosion des œufs, tous les bois façonnés.

La multiplication excessive des insectes nuisibles est souvent arrêtée par la multiplication plus grande encore de leurs ennemis. Le remède suit une progression plus rapide même que le mal, quand l'homme ne vient pas entraver l'action de la nature.

Ces ennemis sont nombreux et se rencontrent dans toutes les classes animales. Celle des insectes elle-même en fournit un certain nombre qui, essentiellement carnivores, se nourrissent des espèces herbivores : tels sont les *scarabées*, qui grimpent jusque sur les arbres pour y chercher leur proie, les *libellules*, qui chassent au vol les petits papillons, les *fourmis*, et surtout les *ichneumons*. Ceux-ci, connus aussi sous le nom de mouches vibrantes, sont essentiellement parasites ; ils pondent leurs œufs dans le dos même des chenilles, dont la substance sert de nourriture aux jeunes larves après leur éclosion. L'animal ainsi piqué ne périt pas immédiatement, il vit même assez longtemps pour se transformer en *chrysalide*; mais lorsque vient le moment de la transition à l'état parfait, au lieu d'un papillon ce sont de jeunes ichneumons qui sortent de l'enveloppe.

Dans sa lutte contre les insectes nuisibles, l'homme trouve encore de puissants auxiliaires dans des animaux dont au premier abord il semble qu'il ne puisse attendre aucun service. Les chauves-souris, les hérissons, les lézards, les crapauds, les couleuvres, les vipères même, en détruisent d'énormes quantités, et si la physionomie de ces destructeurs d'insectes prévient peu en leur faveur, du moins ne faudrait-il pas étendre à tous une proscription que méritent seules les espèces dangereuses. Enfin, de tous les ennemis des insectes, le plus acharné c'est l'oiseau, qui en fait sa nourriture presque exclusive.

L'homme, dit Michelet, n'eût pas vécu sans l'oiseau, qui seul a pu le sauver de l'insecte et du reptile, mais l'oiseau eût vécu sans l'homme.

Parmi les 360 espèces d'oiseaux qui vivent dans notre pays, les unes sont exclusivement forestières, d'autres préfèrent le séjour des champs et recherchent la présence de l'homme, d'autres enfin habitent les forêts pendant une partie de l'année seulement, ou bien vivent indifféremment ici ou là, suivant qu'elles trouvent à se nourrir.

A part quelques exceptions, toutes celles qui habitent les bois sont utiles, les unes parce qu'elles détruisent une foule d'insectes et autres animaux malfaisants, les autres parce qu'elles nous fournissent un gibier succulent.

Par de minutieuses expériences, on est arrivé à connaître, mois par mois, semaine par semaine, le régime alimentaire des oiseaux de nos climats. En examinant les débris contenus dans leur estomac, on a su combien chacun mange de graines, combien il dévore d'insectes. Les *rapaces nocturnes*, qui comprennent les hiboux, les ducs, les effraies, les chats-huants, etc., nous rendent de grands services ; cependant il n'en est pas à qui on fasse une guerre plus acharnée. Qu'ils ne paient pas de mine, nous le voulons bien : leur grosse tête, leurs grands yeux bordés de plumes, leurs oreilles saillantes, leur donnent un aspect peu avenant; mais que, sous prétexte qu'ils sont de mauvais augure, on les pourchasse avec tant de cruauté, c'est ce qu'on ne peut comprendre. Ce préjugé est si invétéré que dans les campagnes on les cloue vivants à la porte des granges, et qu'on les laisse mourir de faim, en plein soleil, dans les douleurs d'une atroce agonie. Pauvres ignorants, qui ne voient pas que les véritables victimes sont les bourreaux, et qu'en agissant ainsi ils se livrent eux-mêmes à leurs plus mortels ennemis ! Ce que ces oiseaux détruisent de souris, de rats, de reptiles, d'insectes, est incalculable. On peut s'en faire une idée par ce que rapporte le naturaliste anglais White, qui constata qu'un seul couple d'effraies prend par jour jusqu'à 150 souris.

Les *rapaces diurnes* ne méritent pas la même protection, parce qu'ils font la guerre aux oiseaux plus faibles qu'eux, et nous privent par conséquent des services que nous rendraient ceux-ci.

L'ordre des *grimpeurs* nous offre deux espèces essentiellement insectivores, les pics et les coucous. Le premier de ces oiseaux, cramponné avec ses ongles d'acier sur le tronc des arbres, ramasse toutes les chenilles, guêpes, frelons qu'il rencontre; puis, après avoir nettoyé complétement l'arbre, il l'ausculte en quelque sorte pour reconnaître s'il ne renferme pas quelque ennemi intérieur qui le mine. Une fois sûr de son fait, il frappe l'arbre de son bec puissant et détache des copeaux de bois jusqu'à ce que le trou qu'il creuse lui fasse découvrir la larve dont il avait reconnu la présence.

On poursuit souvent les pics comme des animaux nuisibles, parce que les trous qu'ils pratiquent rendent, dit-on, les arbres impropres au service. Rien cependant n'est moins fondé, car, ne s'attaquant qu'aux arbres déjà viciés, ils ne causent aucun dommage réel, et empêchent au moins le mal de devenir contagieux. Les coucous, dont le cri doux et monotone annonce au loin le retour du printemps, se nourrissent sur tout de *noctuelles* et de *processionnaires*, que les autres oiseaux ne peuvent manger à cause des poils dont elles sont couvertes.

Comme l'ordre des grimpeurs, celui des *passereaux* ne renferme que des espèces utiles. Si parmi elles il en est quelques-unes qui se nourrissent plus particulièrement de graines, il n'en est pas qui ne rachètent le dommage qu'elles causent de cette façon par les services qu'elles rendent d'une autre manière. Les moineaux eux-mêmes sont loin de mériter les malédictions dont ils sont l'objet. Nous avons pu constater par des expériences répétées, qu'un couple de vieux moineaux porte à sa couvée plus de 40 chenilles par heure. Ce chiffre explique un fait qui s'est passé il y a 34 ans. Pour mettre les environs de Vienne à l'abri de la voracité de ces oiseaux, on avait ajouté aux contributions de chaque cultivateur deux têtes de moineau. L'impôt fut payé exactement et les moineaux disparurent, mais en revanche les arbres furent dévorés par les chenilles. Il fallut rapporter le décret et favoriser la multiplication de ces oiseaux qu'on avait voulu détruire. Il ne faut pas d'ailleurs s'imaginer qu'un oiseau est nuisible par cela seul qu'il mange des graines, car parmi celles qu'il absorbe, un très grand nombre provient de plantes parasites. Ainsi les pigeons, les seuls oiseaux exclusivement granivores, vont, il est vrai, dans les champs piquer quelques épis de blé, mais ils consomment en échange une grande quantité de semence de nielle, de coquelicot, d'euphorbe et autres espèces vénéneuses ou incommodes. A l'ordre des passereaux appartiennent les pies-grièches, les gobe-mouches, les becs-fins (principales espèces : rossignol, fauvette, rouge-gorge, roitelet, hoche-queue, troglodyte), les hirondelles, les engoulevents, les alouettes, les mésanges, les bruants, les moineaux, les pinçons, les linottes, les chardonnerets, les serins, les bouvreuils, les étourneaux, les pies, les geais, etc. Ils se nourrissent tous de papillons, de mouches, de larves, de chenilles, qu'ils détruisent par millions.

Les passereaux sont les plus jolis, les plus utiles, les plus agréables de tous les oiseaux, et cependant on leur fait une chasse des plus meurtrières. Ce sont eux qu'on vend sous le nom de *mauviettes*, mets fort cher, car si l'on tient compte des dommages causés par les insectes qu'ils auraient dévorés, chaque plat représente peut-être plusieurs sacs de blé, plusieurs tonneaux de vin, plusieurs stères de bois. Si encore on s'en tenait là, on pourrait à la rigueur comprendre cette chasse, si déraisonnable qu'elle soit, parce qu'elle a un but ; mais ce qui ne s'explique pas, c'est l'enlèvement des nids et la recherche des œufs, dont on ne peut tirer aucun parti. Ce plaisir, auquel se livrent la plupart des enfants des campagnes, anéantit en pure perte plus de cent millions d'œufs par an, et c'est par milliers de milliards qu'il faut compter les insectes qu'auraient détruits les oiseaux qui en seraient sortis. Il serait facile cependant de réagir contre ces actes de sauvagerie ; il suffirait, dans les écoles primaires, de faire comprendre aux enfants toute l'utilité de ces animaux. Les hommes ne sont méchants que par ignorance, et quand ils sauront discerner leur véritable intérêt, au lieu de persécuter les oiseaux, ils chercheront à en multiplier le nombre en leur construisant des abris, en les nourrissant pendant l'hiver, etc.

Contrairement à la plupart des oiseaux, les *mammifères*, excepté peut-être les chauves-souris, ne quittent guère le lieu où ils sont nés ou établis. Quiconque voudra donc les épargner, ou, mieux encore, s'entendre avec quelques-uns de ses voisins, sera assuré de les avoir à demeure.

Les diverses espèces de *chauves-souris* se nourrissent exclusivement d'insectes, et précisément ceux qui ne volent qu'au crépuscule ou pendant la nuit échappent à la poursuite de la plupart des oiseaux insectivores. Une chauve-souris mange 14 hannetons de suite, sans être rassasiée.

Les *musaraignes*, quand on les tient en captivité, ont besoin de manger chaque jour une quantité d'insectes, de larves et de vers, équivalant à deux fois le poids de leur corps ; et pourtant, dans le repos forcé qui résulte de leur captivité, leur appétit est moindre que dans l'état de liberté. Malheureusement on en tue beaucoup dans les prés et les champs, soit qu'on les prenne pour des souris, soit qu'on les croie nuisibles comme celles-ci. Cependant il est facile de les en distinguer : elles ont la tête longue, pointue et terminée par un museau grêle. Les yeux sont à peu près aussi invisibles que ceux de la taupe ; les oreilles sont très petites, la queue longue.

Par des expériences faites sur des *taupes* tenues en captivité, il a été constaté qu'il leur faut chaque jour une quantité de larves de hannetons, de vers, etc., égale à trois fois ou même quatre fois le volume ou le poids de leur corps.

Poursuivre les taupes, c'est donc protéger la vermine. Si ce n'est pas le but, c'est du moins le résultat de cette persécution.

Le *hérisson* se nourrit ordinairement d'insectes, de larves, de vers, de limaces. Il saisit les souris avec une adresse dont on le croirait incapable. Sa propriété la plus remarquable, c'est d'être à l'épreuve du poison et de n'en ressentir aucun fâcheux effet. (En captivité il mange de suite trois douzaines de cantharides.) C'est l'ennemi le plus acharné des vipères, unique genre de serpent venimeux chez nous : les morsures de la vipère lui sont aussi indifférentes que des piqûres d'épingle.

Chez les *belettes* (il y en a de deux espèces, la petite ou commune, et l'hermine), ces sortes de blessures ne causent qu'une légère enflure des parties mordues. Aussi, à l'occasion, elles n'évitent pas le combat et n'en arrivent pas moins à tuer les vipères. Mais la chasse aux souris, et même aux rats, surtout aux jeunes, est toujours leur tâche constante, leur plus importante affaire. Aucun autre animal n'a le corps aussi propice à suivre ces rongeurs avec facilité jusque dans leurs retraites les plus cachées, afin de rechercher leurs nids et d'en tuer des bandes entières, comme le font les belettes; mentionnons encore leur soif de sang et leur avidité meurtrière, qui les excitent à faire, parmi les souris, des ravages incomparablement plus grands que tout autre animal. Ainsi, quand il y en a une très grande quantité, elles les tuent purement et simplement pour s'assouvir de sang. Il arrive même qu'elles en étranglent un très grand nombre sans autre cause que la manie de tuer, et sans en sucer le sang.

Le *putois*, leur plus proche parent, mais beaucoup plus grand, qui, avec le hérisson, est l'adversaire le plus zélé des vipères, préfère également les rats et les souris à toute autre nourriture. Il est très utile contre les rats d'eau noirs et les *surmulots*, dans les digues, au bord des rivières et des étangs. Il détruit également les *hamsters* et les *souslics*, dans les champs où ils se trouvent. Ses griffes allongées et presque droites, peu courbées et, par suite, propres à gratter, le mettent parfaitement en état de poursuivre tous ces animaux par des fouilles jusque dans leurs demeures souterraines. En revanche, cette structure des ongles lui rend pénible ou presque impossible l'action de grimper. Attaché ainsi à la terre, il a peu de prise sur les oiseaux, ce qui le distingue favorablement des martres. Celles-ci n'aiment pas à opérer à terre et se mettent peu en peine des souris. Mais, passionnées pour les œufs, elles montrent la plus grande ardeur pour la chasse aux oiseaux qui dorment ou couvent sur les arbres. Elles en usent de même avec tout le menu gibier et avec la volaille, surtout dans les pigeonniers et les poulaillers : si elles ont réussi à y pénétrer, elles procèdent en tout comme les belettes dans les trous de souris, ne cessant de massacrer que quand il n'y a plus de victimes vivantes. Le putois fait moins de tort au gibier et aux volailles. Dans un poulailler, il se contente souvent d'un seul animal qu'il emporte.

Nous indiquons dans le catalogue suivant les insectes nuisibles de la Franche-Comté. Nous avons adopté l'ordre alphabétique pour ce petit travail, qui est divisé en trois sections : la première traite des insectes nuisibles aux arbres fruitiers ; la deuxième, de ceux qui attaquent les plantes potagères ; la troisième est consacrée aux insectes qui ravagent les céréales et les plantes fourragères.

I.

Insectes nuisibles aux arbres fruitiers.

Bombyx disparate, *Liparis dispar* Dupuis. Le mâle est plus petit que la femelle et en diffère par la couleur. Il a deux centimètres d'envergure ; son corps et ses ailes supérieures sont d'un gris obscur. La femelle a 5 centimètres d'envergure. Corselet blanchâtre, laineux, abdomen gris pâle terminé par des poils épais, bruns. Ses ailes supérieures sont blanchâtres, traversées par des raies ondées en zigzag. La femelle pond ses œufs en un seul tas qu'elle recouvre avec les longs poils de son abdomen, qu'elle arrache et interpose entre eux. Sous cette couverture ils sont à l'abri de la pluie et de toutes les intempéries de l'automne et de l'hiver qu'ils doivent traverser. On fait la chasse à ce lépidoptère en écrasant avec une spatule les tas d'œufs que l'on trouve sur les troncs ou les grosses branches des arbres fruitiers, pommiers, poiriers, cerisiers, etc., et sur ceux des chênes, des ormes, des tilleuls, des peupliers, etc.

Bombyx chrysorrée ou cul doré, *Liparis chrysorrœa* Dup. Il a trois centimètres de largeur lorsque ses ailes sont étendues. Ses antennes sont pectinées ou garnies de barbes roussâtres ; la tête, le corselet, le dessous du corps, sont couverts d'un duvet blanc cotonneux ; les ailes sont blanches et marquées quelquefois de deux ou trois points noirs. La femelle porte à l'extrémité de son abdomen une quantité considérable de longs poils roux. Les œufs pondus par cette dernière éclosent au bout de deux ou trois semaines, c'est-à-dire à la fin du mois d'août. Pendant l'hiver, on aperçoit fort souvent des toiles de soie grisâtre d'une étendue plus ou moins considérable qui entourent les sommités des rameaux des arbres. On en remarque non-seulement sur les arbres fruitiers de toute espèce, mais encore sur les arbres forestiers sans distinction. Ces toiles sont des nids qui renferment chacun une famille nombreuse de petites chenilles nées pendant l'automne précédent, qui ont rongé quelques feuilles et qui se sont construit un asile pour l'hiver. Elles s'engourdissent par le froid et résistent aux gelées les plus fortes sans éprouver d'inconvénients. Au mois d'avril elles sortent de leur retraite pour aller ronger les feuilles et les boutons à fruit. Elles grandissent assez vite et augmentent l'étendue de leur nid en y ajoutant de nouvelles toiles qui enveloppent les anciennes, et en ayant soin de laisser des ouvertures pour les communications entre les divers compartiments. C'est là qu'elles se réfugient pendant la nuit et le mauvais temps. Elles vivent en commun jusqu'à leur dernière mue, puis elles se dispersent pour chercher un emplacement convenable à leur métamorphose en chrysalide. Parvenue à toute sa grosseur au commencement de juillet, cette chenille est d'une taille moyenne, velue, noirâtre avec une double raie longitudinale rouge sur le dos et une autre blanche de chaque côté, interrompue à chaque segment. Elle se place entre des feuilles et se renferme dans un cocon gris brunâtre, où elle se transforme en chrysalide d'un brun foncé, garnie de touffes de poils plus clairs. Le papillon éclot le soir, pendant le mois de juillet. Pour lui faire la chasse en hiver, il faut couper et brûler tous les rameaux entourés de toile de soie. Si quelques nids ont échappé à l'attention, il faudra écraser les chenilles au printemps avant leur dispersion. En les poudrant de tabac ou de pyrèthre, on pourra encore les faire périr. Ce Bombyx a pour parasite un ichneumonien, le *Pimpla instigator* Grav.; long. 7 à 14 mill. Noir. Antennes noires plus courtes que le corps; thorax noir, abdomen plus long que la tête et le corselet, cylindrique, noir; pattes roussâtres, hanches et trochanters noirs, ainsi que les tarses postérieurs; ailes hyalines plus ou moins enfumées; aréole irrégulière subsessile : tarière de la moitié de la longueur de l'abdomen.

Bombyx neustrien, *Lasiocampa neustria* Dup. Lorsqu'à la fin de l'hiver on taille les arbres fruitiers, il n'est pas rare de trouver sur les branches de petits œufs bruns rangés les uns à côté des autres en ligne spirale formant une petite bague. Ils sont fortement adhérents à la branche et il est plus facile de les écraser que de les détacher. Sur la fin d'avril, il sort de chacun d'eux une chenillette. Ces petites chenilles rongent les feuilles de l'arbre et vivent en commun. Ayant acquis tout leur développement à la fin de juin, elles vont chacune à part se filer un cocon d'un blanc sale, assez ferme et poudreux à l'extérieur; elles se placent sous une branche, entre des feuilles ou dans un creux d'arbre. Cette chenille, de moyenne grandeur, est un peu velue. Son corps est marqué de raies longitudinales bleuâtres ou rougeâtres et d'une ligne longitudinale blanche au milieu du dos. Renfermée dans son cocon, elle s'y change en chrysalide, et le papillon en sort au mois de juillet.

Comme les deux précédents, cet insecte fait partie de l'ordre des lépidoptères, famille des nocturnes, tribu des Bombycites. Il se range dans le genre Lasiocampa, et les deux autres dans le genre Liparis. L'insecte parfait ou papillon a 28 mill. d'envergure; son corps est d'un gris jaunâtre ainsi que ses ailes supérieures; ces dernières sont coupées par deux lignes transversales brunes ou par une large bande un peu obscure; les ailes inférieures sont de la couleur du corps, plus foncées à leur base. Les antennes du mâle sont barbues comme une plume. Il ne sort de sa retraite qu'au crépuscule. La femelle pond ses œufs sur les petites branches et les enduit d'une sorte de gomme qui les colle solidement et les préserve de l'humidité; ils n'éprouvent aucune altération des hivers les plus rigoureux. La chenille de ce Bombyx se nourrit des feuilles de tous les arbres fruitiers et aussi de celles du chêne, de l'orme, du saule, etc.

Pour combattre cet insecte, il faut enlever et brûler toutes les bagues d'œufs que l'on trouve sur les branches au moment de la taille, ou bien écraser les bandes de chenilles que l'on voit sur les feuilles. On peut encore les poudrer de tabac ou de pyrèthre.

Bombyx feuille de chêne, *Lasiocampa quercifolia* Dup. La chenille, de la grosseur du petit doigt lorsqu'elle a pris toute sa croissance, est d'un brun clair, quelquefois cendré. Elle se nourrit pendant la nuit de feuilles de pommier et de poirier; durant le jour elle se tient appliquée contre une branche. Le papillon a 6 cent. d'envergure; les ailes sont d'un brun rougeâtre, dentées sur les bords et traversées, les supérieures par trois raies ondées brunes, les inférieures par deux raies semblables; le corps est couvert de poils ferrugineux. Il s'accouple à la tombée de la nuit, et la femelle va pondre, sur les arbres, des œufs qui passent l'hiver et éclosent au printemps. Ces œufs sont fort jolis, d'un bleu d'émail, entourés de cercles et de bandes brunes.

Bombyx patte étendue, *Orgya pudibunda* Dup. Le papillon a 40 mill. d'envergure, les antennes sont brunes, pectinées; le corps est gris cendré; les ailes sont blanchâtres, plus obscures au milieu, avec des raies transversales, ondées, grises ou brunes.

Bombyx tête bleue, *Diloba cærulea cephala* Dup. Famille des nocturnes. Envergure 33 mill.; les ailes supérieures sont d'une couleur cendrée, quelquefois bleuâtre, avec deux bandes brunes peu marquées; on aperçoit au milieu une double tache en forme de deux *O* réunis; les inférieures sont cendrées. Sa chenille se trouve sur tous les arbres fruitiers, mais plus particulièrement sur le cerisier et le prunier. Elle est lisse, d'un gris bleuâtre avec de petits tubercules noirs, élevés en trois raies longitudinales jaunes, dont une assez large au milieu du dos. On ne connaît aucun autre moyen de détruire les chenilles de ces trois derniers lépidoptères, que de les chercher sur les arbres pour les écraser. Elles ne peuvent devenir dangereuses que dans les années où elles sont nombreuses, et alors on les découvre facilement.

Cécydomye des poirettes, *Cecidomya nigra* Meig. Longueur 1 mill. 1/2. Ailes pâles avec trois nervures effacées, antennes noires, corselet noir dans la partie antérieure et cendré à la partie postérieure. Du 15 mai au 15 juin, on remarque souvent dans les jardins fruitiers une grande quantité de petites poires qui se déforment et se gâtent; en grossissant elles paraissent s'enfler comme un petit ballon ou une calebasse; elles sont calebassées, selon l'expression des jardiniers; elles cèdent sous le doigt qui les presse et ne tardent pas à se noircir et à tomber de l'arbre. On en voit qui restent vertes pendant longtemps et qui semblent parfaitement saines; cependant leur forme sphéroïde et leur mollesse indiquent qu'elles ne sont pas dans un état normal. Cette maladie est produite par de petits vers rougeâtres qui se nourrissent de la pulpe intérieure du jeune fruit, qui, bientôt désorganisé, tombe; et les larves de la cécidomye, qui ont alors pris tout leur accroissement, en sortent pour entrer dans la terre où elles passent l'été, l'automne et l'hiver; elles se transforment en chrysalides pendant le mois de mars, et en insectes parfaits à la fin d'avril; puis la femelle introduit ses œufs, au nombre de 15 à 20, dans l'intérieur d'un bouton; les œufs éclosent promptement, car au bout de quatre jours on trouve déjà les petites larves dans l'ovaire qui deviendra le fruit plus tard. Le seul moyen de combattre ce dangereux insecte est de brûler les poirettes qui renferment des larves.

Charançon des pommiers, *Anthonomus pomorum* Schœn. Long. 6 mill., brun noirâtre couvert d'un duvet gris; élytres ferrugineuses, écusson d'un blanc pur; rostre long, grêle, arqué, pattes noirâtres. Dès que les fleurs du pommier se montrent en bouton, la femelle de l'Anthonome en choisit un, qu'elle perce avec son rostre effilé, et pond un œuf dans le petit trou; elle passe ensuite à un autre, jusqu'à ce qu'elle ait fini sa ponte, ayant soin de ne jamais placer deux œufs dans la même fleur. Si l'on connaît peu les moyens de le combattre, on sait qu'il a des ennemis naturels qui en détruisent un grand nombre. Voici leurs noms : 1° *Pimpla Graminellæ* Grav.; 2° *Bracon variator* N. de E.

Charançon des noisettes, *Balaninus nucum* Schœn. Sa larve ronge l'intérieur de ces fruits un peu avant leur complète maturité, puis elle s'enfonce à quelques centimètres dans la terre, pour se changer en chrysalide au mois de mai. L'insecte est parfait dès le commencement de juin. Après l'accouplement, la femelle pond un œuf seul sur chaque noisette. L'insecte a 6 mill. de longueur sans compter sa trompe. La tête et le corps forment un ovale; ils sont couverts d'un duvet jaunâtre ou gris.

On ne connaît pas d'autre moyen de le combattre que de ramasser et de brûler les noisettes véreuses à mesure qu'elles tombent de l'arbre.

Le Coupe-bourgeon, *Rhynchites conicus* Herbs, est un petit insecte de l'ordre des coléoptères, qui scie aux trois quarts les pousses réservées et les fait tomber. Il est long de 4 mill. y compris le rostre ou bec. Sa couleur est d'un beau bleu foncé.

On lui fait la chasse en cueillant sur les arbres fruitiers tous les bourgeons coupés et les jetant au feu. Cette chasse doit être renouvelée tous les deux ou trois jours pendant les mois de mai et de juin.

Ecrivain, *Eumolpus vitis* Fab. Sa larve vit sur la vigne, elle a le corps à peu près ovale, d'une couleur obscure; elle a six pattes, la tête noire, écailleuse. L'insecte parfait a 5 mill. de longueur, il est noir ou chatain, recouvert d'un duvet jaunâtre. Il pond ses œufs dans la terre au pied des ceps, où ils éclosent, et ce n'est qu'au printemps que les larves se répandent sur les vignes, rongent le pédicule de la grappe et le font tomber, ou s'il résiste, les parties de la grappe qui correspondent aux fibres blessées demeurent stériles, ou ne portent que des fruits avortés. L'insecte parfait n'est guère moins nuisible que sa larve, car il coupe en travers, avec ses dents, les grains de raisin pour se nourrir de la peau et du jus qu'il exprime; ces coupures les font fendre et les empêchent de grossir et de mûrir; quelquefois tous les grains sont ainsi atteints et le raisin est perdu. On ne connaît pas de moyen bien efficace de s'opposer aux ravages de cet insecte, qui a été très commun en 1863 et en 1864.

Gallinsecte du pêcher, *Lecanium persicæ* et *amygdali* Blanch. Si l'on examine les branches malades du pêcher, on voit qu'elles sont couvertes de tubérosités brunes ayant la couleur du café ou de la feuille morte, ou bien encore de l'épiderme lisse de certains arbres. Ces espèces de galles sont ovales et ressemblent à un petit bateau renversé dont la longueur serait de 6 mill. sur 3 mill. de large. Elles sont solidement fixées aux branches, et comme elles ressemblent à des galles et qu'elles sont réellement des insectes, on leur a donné le nom de Gallinsectes. Les entomologistes ne sont pas d'accord sur cette question, savoir : si ces galles sont la cause de la maladie de l'arbre, ou si elles n'existent que parce que l'arbre est malade. C'est cette dernière opinion qui réunit le plus de partisans, par la raison qu'à côté d'un pêcher malade on en voit d'autres parfaitement sains, et que sur le même arbre on remarque des branches vigoureuses à côté de branches languissantes et chargées de ces insectes. Il paraît qu'une séve altérée ou circulant lentement dans un membre de l'arbre est une circonstance favorable au développement des Gallinsectes. Pour les détruire, il faut les écraser sur les branches avec un couteau de bois ou avec la main garnie d'un gant. On peut encore les poudrer avec du tabac ou du pyrèthre. Il ne faut pas omettre surtout de donner à l'arbre tous les soins propres à augmenter la vigueur de la végétation, tels que amendements, arrosages, labours, taille, etc.

La Gallinsecte en coquille, *Aspidiotus conchyformis* Bouch., diffère de la précédente par sa forme, qui est allongée, ordinairement courbée, pointue à un bout et arrondie à l'autre : elle ressemble à une coquille de moule appliquée contre l'écorce d'un arbre. On la voit quelquefois en grand nombre sur les pommiers.

La Gallinsecte de la vigne, *Lecanium vitis* Lin., se trouve sur les ceps trop vieux ou mal soignés. On doit l'écraser avec un couteau de bois. Les aspersions d'eau de cendres, de pyrèthre ou de tabac, peuvent la détruire quelquefois. Cet insecte a des ennemis naturels qui en font disparaître un grand nombre; le plus redoutable est le *Celia troglodytes* Schuck; vient ensuite un parasite dont la larve vit dans le corps de la Gallinsecte, en dévore la substance, s'y change en chrysalide, ensuite en insecte parfait dont le nom est *Encyrtus Swederi* N. de E.

GALLINSECTE DU NOISETIER, *Lecanium coryli* Ill. Longueur 6 mill., largeur 7 mill. Elle est presque demi-sphérique, un peu moins haute que large, jaunâtre, luisante. Les noisetiers envahis sont souffrants. On devra les cultiver au pied, y apporter de la terre neuve ou des amendements, les arroser s'ils en ont besoin, les émonder et enlever les branches chargées de ces insectes. En leur rendant la vigueur, on les débarrassera de ces parasites.

GUÊPES. Elles rongent les fruits à mesure qu'ils mûrissent, choisissant toujours les plus sucrés et les meilleurs.

Les guêpes forment des sociétés annuelles, composées de femelles, de mâles et d'ouvrières, qui sont des femelles dont les ovaires sont avortés. Ces sociétés varient beaucoup pour le nombre des individus, selon les différentes espèces; tandis que la Guêpe française n'en compte guère qu'une cinquantaine dans son nid, la Guêpe commune en possède quelquefois plusieurs milliers dans le sien.

Les ouvrières et les femelles sont armées d'un aiguillon dont la piqûre est douloureuse. Les femelles ne se contentent pas de pondre pour multiplier l'espèce, elles participent encore aux travaux du nid et aux soins des larves. Les ouvrières ramassent dans la campagne les matériaux nécessaires à la construction du nid et les mettent en œuvre; elles récoltent aussi la nourriture destinée aux femelles, aux mâles et aux larves.

L'espèce la plus nuisible en Franche-Comté est la Guêpe commune. (*Vespa vulgaris* Lin.) Elle construit son nid dans la terre, à 15 centimètres de profondeur. Un conduit d'environ 25 mill. de diamètre lui sert d'entrée; il est rarement en ligne droite. Ce guêpier a la forme d'une boule d'environ 30 centimètres de diamètre.

On détruit ces guêpes en allumant un grand feu sur leur nid; celles qui, suffoquées par la chaleur, se hasardent à sortir, sont brûlées par la flamme. On peut encore inonder le nid avec de l'eau bouillante, le noyer avec de l'eau froide qui séjournerait au-dessus pendant quelque temps; introduire une mèche soufrée dans la galerie qui conduit au nid, fermer l'ouverture avec de petits cailloux qui laissent des vides entre eux pour l'introduction d'un peu d'air, et mettre le feu. Si l'on ne craint pas la dépense, on versera dans la galerie d'entrée du chloroforme ou de l'éther, qui les fera périr promptement. Ces opérations doivent avoir lieu le soir, lorsque toute la famille est réunie au gîte. Cette guêpe a plusieurs ennemis naturels.

GUÊPE FRELON, *Vespa crabro* Lin. Longueur 33 mill. Cette guêpe est la plus grande de celles qui habitent notre province; ses piqûres sont redoutables. Outre les dégâts qu'elle occasionne aux fruits et aux raisins, on doit mentionner le tort qu'elle fait aux ruchers en prenant dans la campagne les abeilles pour les dévorer. Elle fait son nid dans le tronc d'un gros arbre dont l'intérieur est pourri, dans les trous des vieux murs et même dans les greniers.

On peut essayer contre elle différents moyens de destruction; lorsque le nid est dans un trou d'arbre ou de mur, on y brûle une mèche soufrée ou une cartouche de poudre de chasse. S'il est à l'air libre, on asphyxie les guêpes avec de la vapeur de soufre. Cette Guêpe a un ennemi naturel dans l'ordre des Diptères, famille des Brachystomes, tribu des Syrphides : c'est une grosse et belle mouche dont les couleurs ont un peu d'analogie avec les siennes. Cette mouche pond ses œufs dans les cellules occupées par les larves de la guêpe. Les larves sorties de ces œufs dévorent ces dernières, se changent en pupes dans les cellules mêmes, et ensuite en insectes parfaits qui s'envolent, s'accouplent et cherchent des nids de frelons pour y pondre leurs œufs.

La Guêpe française, *Polites gallica* Lat., n'est pas aussi nuisible que les précédentes. Il est facile de détruire son petit nid blanc, qui est fixé sur une branche d'arbre ou contre un mur.

Lorsqu'on a été piqué par l'un de ces insectes, il faut enlever le dard s'il est resté dans la blessure, puis laver la plaie avec de l'alcali volatil; à défaut d'alcali, on peut se servir de chaux, de plâtre, de cendres et même de terre calcaire douce, que l'on humecte et dont on frotte la partie atteinte.

Hanneton, *Melolontha vulgaris* Fab. Longueur 27 mill.; noir, velu, les parties de la bouche, les antennes, les pattes, le dernier segment de l'abdomen et les élytres sont d'un brun rouge. Il ronge les feuilles des arbres de nos forêts, où il se montre pendant les mois de mai et de juin. Après l'accouplement, la femelle s'enfonce dans la terre à une profondeur de 10 à 20 centimètres. Elle creuse une galerie au fond de laquelle elle fait sa ponte de 12 à 30 œufs jaunâtres, de la grosseur d'un grain de chènevis. Au bout de six semaines les larves éclosent et se mettent à ronger les racines. A l'automne de leur troisième année, elles s'enfoncent davantage, se creusent une cellule où elles se changent bientôt en chrysalides. La chrysalide se change en hanneton au commencement d'avril de la quatrième année.

On s'oppose à la trop grande multiplication de cet insecte en tuant toutes les larves ou vers blancs qu'on trouve en labourant la terre, et en écrasant les insectes parfaits, qu'on fait tomber en secouant les arbres. Le mieux serait de détruire les hannetons pour se préserver de leurs larves, et nous ne nous expliquons pas que les cultivateurs n'aient point encore eu cette pensée. S'ils voulaient prendre la peine de se concerter et d'agir en commun dans le sens que nous indiquons, ils obtiendraient bientôt des résultats décisifs. Le Hanneton a beaucoup d'ennemis naturels:

les volailles, particulièrement le dindon, en sont très friandes; elles dévorent les larves et les insectes parfaits. Les oiseaux de nuit et les petits oiseaux de proie en prennent beaucoup, ainsi que l'engoulevent, l'étourneau, les grives, les mésanges; le renard, la martre, la fouine, la belette, le hérisson, s'en nourrissent faute d'autre proie. Les taupes détruisent beaucoup de larves. Les corbeaux, particulièrement le freux (*corvus frugilegus* Lin.), ramassent les larves dans les champs labourés au printemps.

L'Hylotome sans noeud ou la Mouche a scie bleue, *Hylotoma enodis* Fab., est une fausse chenille qui mange les feuilles du vinetier (*berberis vulgaris* Lin.). On lui fait la chasse en saisissant la femelle sur les berbéris, lorsque vers le 20 mai elle va y faire sa ponte. On secoue ensuite les arbustes et on écrase les fausses chenilles qui tombent.

Larve limace, *Selandria atra* Steph. et *Selandria œthiops* Fab. Pendant les mois de septembre et d'octobre, on voit assez souvent, sur les poiriers, une larve noirâtre enduite d'une humeur visqueuse et luisante. Elle mange le dessous de la feuille, arrête ainsi la végétation et empêche les fruits d'acquérir leur maturité.

Pour la détruire on l'écrase avec une petite pince.

La Mouche a scie du groseillier, *Nematus ribis* Le Duc, ronge les feuilles en commençant à l'extrémité des branches. On s'oppose à sa multiplication en écrasant sa larve après l'avoir fait tomber en secouant l'arbuste.

Elle a pour ennemis naturels les parasites dont les noms suivent : *Blacus gigas* Wesm.; *Tryphon armillatorius* Grav.; *Degeeria flavicans* Bataill.

Mouche des cerises, *Ortalis cerasi* Meig. Longueur 4 mill.; noire, ailes traversées par quatre bandes noires dont les deux dernières sont réunies. Sa larve déchire l'intérieur des cerises appelées guignes et bigarreaux. Lorsqu'au mois de juillet, cette larve a pris tout son accroissement, la cerise tombe, le ver s'enfonce dans la terre, où il ne tarde pas à prendre la forme d'un petit barillet que l'on nomme pupe. Il reste dans cet état pendant l'automne et l'hiver, et dans les derniers jours du mois de mai suivant, il sort de cette pupe une petite mouche qui pond sur les jeunes bigarreaux.

Mouche a scie du poirier, *Lida pyri* Schr. Longueur 11 mill., envergure 20. Antennes sétacées, d'un gris noirâtre. Les larves construisent leur nid autour d'un bouquet de feuilles qu'elles veulent manger; quand elles l'ont dévoré, elles se transportent auprès d'un autre bouquet de feuilles voisin du premier, et l'enveloppent d'une nouvelle toile pour le ronger à leur aise. On s'en débarrasse facilement en écrasant le nid qui les renferme.

Le seul moyen de détruire les larves de la Mouche à scie du pêcher consiste à les écraser sur les arbres dont elles rongent les feuilles.

**

Noctuelle psi, *Acronycta psi* Dup. Famille des Nocturnes. Elle a 25 mill. de largeur les ailes étendues ; les supérieures sont d'un gris plus ou moins blanchâtre avec plusieurs lignes noires, dont trois principales, savoir : une rameuse qui part du corselet, s'avance jusqu'au tiers de l'aile, et forme une espèce de trident à son extrémité ; deux autres également horizontales, situées près du bord terminal, qui, étant croisées par la ligne sinueuse qui longe ce bord, représentent assez régulièrement la lettre grecque ψ ; d'où cette espèce a tiré son nom. On ne connaît pas d'autre moyen de combattre ce lépidoptère que de l'écraser sur les troncs d'arbres fruitiers. Il ne vole pas pendant le jour et se laisse prendre sans chercher à s'échapper. Pendant les mois d'août et de septembre on doit aussi détruire la chenille sur les arbres fruitiers. Cette chenille est de grandeur moyenne, demi-velue et noire. Sur le dos se trouve une large raie jaune entre deux bandes noires.

Grand Paon de nuit, *Saturnia pyri* Dup. Il porte ses ailes étendues horizontalement, elles ont jusqu'à 12 centimètres de largeur ; les antennes sont jaunes et très pectinées chez le mâle ; tête et corselet bruns ; ailes supérieures brunes, couvertes d'une espèce de poussière grise ; tache brune à la base ; vers le milieu on voit une grande tache oculaire, noire, bleue et rose.

Sa chenille vit sur tous les arbres fruitiers ; elle commence à se montrer depuis le mois de juin. En automne elle est de la longueur et de la grosseur du doigt index, d'une belle couleur verte ; chaque anneau de son corps porte huit tubercules élevés, d'un beau bleu de ciel, entourés de sept ou huit poils noirs. On reconnaît sa présence sur un arbre à l'aspect des feuilles à demi rongées, dont la quantité s'augmente chaque jour. On doit alors la rechercher et l'écraser. Elle est exposée aux atteintes d'une mouche qui pond ses œufs sur son dos. Les petites larves qui sortent de ces œufs entrent dans le corps de la chenille et se nourrissent des sucs qu'il renferme. Cette mouche porte le nom de *Sturmia atropivora* Rob. Desv.

Petit Paon de nuit, *Saturnia carpini* Dup. Il a 5 cent. d'envergure ; les ailes supérieures sont fauves au milieu ; sur une tache d'un blanc rose, on voit un grand œil à iris noir entouré d'un cercle jaune et d'un autre cercle noir. Sa chenille a 5 cent. de long sur un cent. de diamètre ; elle ressemble beaucoup à celle du grand paon. Elle vit sur le pommier, le poirier et divers autres arbres. Parmi les diptères qui l'attaquent pour y déposer leurs larves, nous citerons : le *Winthemya quadripustulata* Fab., le *Scotia saturniæ* Rob. D. ; le *Phorocera assimilis* Fall.

Phalène hiémale, *Cheimatobia brumata* Dup. Longueur, 12 mill. ; de couleur grise. Ce papillon est très nuisible aux arbres fruitiers, tels que le poirier et le pommier. Il se jette aussi sur le hêtre, le chêne et le charme. On trouve la chenille dans les bois où croissent ces essences, et on y voit voltiger le mâle jusqu'à la fin de décembre. La femelle pond ses œufs à la cime des arbres. On fait la chasse à cet insecte sous sa forme de chenille en enlevant et brûlant tous les paquets de feuilles que l'on trouve sur les pommiers ou poiriers. Pendant les mois de mai et de juin, on doit renouveler cette opération tous les trois jours. Elle a deux parasites appelés : *Microgaster sessilis* N. de E. et *Masicera flavicans* Bataill. En 1864 sa chenille a dévoré les feuilles des chênes dans les forêts de notre province.

Le PIQUE-BOURGEON, *Cephus compressus* Fab., attaque les bourgeons du poirier. On lui fait la chasse en coupant et brûlant toutes les pousses flétries. Au moment de la taille des arbres, il faut faire attention aux branches minées remplies de poussière noirâtre, les enlever jusqu'au bout des galeries et se bien garder de les laisser sur la terre; on doit les brûler scrupuleusement.

PSYLLES DU POIRIER : PSYLLE ROUGE, *Psylla rubra* Fourc. Longueur, 2 mill. 1/2, brune, marquée de taches rouges.

PSYLLE ORANGE, *Psylla aurantiaca* Bat. Longueur 3 mill.; de couleur orange. On peut s'en débarrasser en brûlant les bourgeons sur lesquels elles se sont établies. Si l'on tient à conserver les bourgeons envahis, on peut poudrer les larves et les nymphes avec du tabac, du pyrèthre, de la fleur de soufre, ou les laver avec une infusion de ces substances.

PUCERONS DES ARBRES FRUITIERS. On donne le nom de Pucerons à ces petits insectes que l'on trouve réunis en troupes serrées sur les branches et sur les feuilles des arbres et des plantes. Ces petits animaux ont le corps très mou et on les écrase par le plus léger attouchement. Tous les pucerons font partie de l'ordre des *Hémiptères*, de la famille des *Aphidiens* et du genre *Aphis*.

Parmi les insectes de ce genre qui vivent sur les arbres fruitiers, on doit placer au premier rang le PUCERON LANIGÈRE, *Aphis laniger* Ill., qui s'établit sur les pommiers.

Viennent ensuite les espèces suivantes : PUCERON DU PÊCHER, *Aphis persicæ* Morr. On combat ces deux pucerons en brûlant les feuilles roulées, ou en passant sur ces insectes une brosse trempée dans l'eau de lessive, de chaux ou de tabac. On peut encore les poudrer de tabac ou de pyrèthre. Les fumées de tabac ou de résine produisent le même résultat.

PUCERON DU POMMIER, *Aphis mali* E.

Le PUCERON DU POIRIER, *Aphis pyri* Bat., crispe et déforme les feuilles du poirier. On emploie contre lui les aspersions dirigées de bas en haut, afin de l'atteindre dans ses cachettes, ou les fumigations soit de tabac, soit de soufre.

PUCERON DU CERISIER, *Aphis cerasi* Fab.

PUCERON DU PRUNIER, *Aphis pruni* Fab.

PUCERON DU GROSEILLIER, *Aphis ribis* Lin. Ces pucerons sont très nombreux et se multiplient avec une rapidité extraordinaire; ils auraient bientôt accablé les végétaux s'ils n'étaient pas soumis à de nombreuses causes de destruction, qui limitent leur nombre à une quantité tolérable. Ils ont pour ennemis naturels : 1° de jolies mouches d'une forme élégante et de couleurs luisantes, appelées *Syrphes*; voici les espèces les plus communes en Franche-Comté : *Syrphus pyrastri* Meig., *Syrphus ribesii* Meig., *Syrphus vitripennis* Meig., *Syrphus balteatus* Macq.; 2° les Hémérobiens dont les noms suivent : *Hemerobius perla* Lin., *Hemerobius chrysops* Lin.; 3° un coléoptère appelé vulgairement *Bête-à-Dieu* ou *Maryoal*, dont le nom véritable est *Coccinelle*, qui se nourrit en général de pucerons; les espèces qui se voient le plus souvent sont les suivantes : *Coccinella bipunctata* Lin., *Coccinella septempunctata* Lin. 4° Outre ces insectes, grands destructeurs de pucerons, nous signalerons encore ceux dont les noms suivent : *Crabro aphidum* Saint-F.; *Pemphredon lugubris* Fab.; *Pemphredon unicolor* Lat.; *Pemphredon minutus* Jur.; *Pemphredon gracilis* Schuk.

Voici maintenant les insectes qui pondent leurs œufs dans le corps des pucerons et qui sont leurs véritables parasites : *Aphidius protœus* Wesm.; *Aphidius aphidum* Blanch.; *Aphidius parcicornis* N. de E.; *Asaphes vulgaris* Walk.; *Coruna clavata* Curt.; *Ceraphron carpenterii* Curt.; *Cynips fulviceps* Curt; *Cynips quercùs inferus* Lin.

Pyrale de la vigne, *Œnophtira pilleriana* Dup. Elle a 20 mill. d'envergure; les ailes supérieures sont d'un jaune pâle doré, avec une tache à la base et trois raies brunes; les inférieures sont d'un gris brunâtre, les antennes sont simples, les palpes sont trois fois aussi longs que la tête, presque droits, à troisième article nu, très court; la trompe manque. Dans les vignes de Champagney, nous avons remarqué depuis trois ans des chenilles qui rongeaient les bourgeons et les grappes naissantes. Ces petites chenilles étaient vertes; elles avaient seize pattes. Elles provenaient d'œufs pondus sur les feuilles de vignes. C'est toujours au mois d'août que la ponte a lieu, et la chenille éclot trois semaines après. En hiver elle se réfugie sous les écorces soulevées des ceps; à la fin de mai elle se transforme en chrysalide, et le papillon s'envole en juillet. Cet insecte est très rare aujourd'hui, grâce à l'action de ses nombreux parasites, parmi lesquels nous citerons les suivants : *Anomalon flaveolatum* Grav., *Campoplex maïalis* Grav.; *Diplolepis cuprea* Spin.; *Pimpla alternans* Grav.; *Ichneumon melanogonus* Grav.; *Pimpla instigator* Grav.; *Chalcis minuta* N. de E.; *Pteromalus larvarum* N. de E.

Pyrale des pommes, *Carpocapsa pomonana* Dup. L'action de la chenille sur la pomme est de lui donner une sorte de maladie, de lui procurer une apparence de maturité précoce et de la faire tomber de l'arbre. L'insecte parfait a de 6 à 10 mill. de longueur, antennes sétacées, d'un gris foncé, ailes supérieures grises, rayées transversalement de lignes cendrées, marquées d'une grande tache noire à l'extrémité, dans laquelle on voit de petites taches d'un rouge doré et qui est bordée d'une ligne dorée; les inférieures noirâtres. La même chenille attaque aussi les poires et même les noix à coque tendre.

Le seul moyen de combattre ses ravages est de cueillir les fruits portant un petit trou bouché par des grains noirâtres et de les faire manger aux porcs, si l'on veut éviter la peine de tuer les chenilles en écrasant ou en ouvrant chaque fruit. Cette pyrale est exposée aux atteintes du *Perilampus lævifrons* N. de E.

PYRALE DES PRUNES, *Carpocapsa funebrana* Dup. Vers le 25 juillet, la chenille étant parvenue à toute sa croissance, la prune tombe de l'arbre, la chenille en sort et se cache dans le sol. Elle passe dans cet abri l'automne et l'hiver, se change en chrysalide à la fin de juin, et le papillon s'envole vers le 14 juillet. Il s'accouple aussitôt et la femelle va pondre sur les prunes, ne confiant qu'un seul œuf à chaque fruit. Le papillon étant nocturne, ainsi que celui qui provient de la chenille des pommes, ne sort qu'au crépuscule pour s'accoupler et pondre. Longueur 7 mill.; ailes pliées; antennes, tête et palpes noirâtres; ailes supérieures noirâtres, nuancées de gris cendré bleuâtre; des taches noires et blanches le long de la cotte; de ces dernières partent des raies obliques, bleuâtres.

PYRALE DES FAÎNES, *Carpocapsa fagiglandana* Dup. Long. 7 mill., ailes pliées; antennes, tête et corselet d'un gris foncé, ailes supérieures grises, mélangées de gris noirâtre et de gris blanchâtre.

PYRALE DES GLANDS, *Carpocapsa amplana* Dup. Longueur 10 mill., ailes pliées, gris cendré. On ne peut s'opposer à la multiplication de ces chenilles qu'en récoltant sur l'arbre les fruits troués. Ces fruits devront être brûlés, écrasés ou donnés aux porcs.

RHYNCHITES BACCHUS, *Rhynchites Bacchus* Schœn. Longueur 8 mill., rostre compris. D'un rouge cuivreux brillant, avec reflet violacé; velu, élytres beaucoup plus larges que le corselet, fortement ponctuées, à stries peu régulières. Tout l'insecte est couvert de poils hérissés. Il se trouve au printemps sur les pommiers et les poiriers en fleurs. Il prend sa nourriture dans la séve ou la moelle des jeunes pousses. La femelle pond ses œufs blanchâtres dans les petites poires. Pour le combattre il faut enlever et brûler tous les jeunes fruits sur lesquels on verra une cicatrice gommeuse.

LE GRAND RONGEUR DU POMMIER, *Scolytus pruni* Ratz. Longueur 4 mill.; noir et marron; antennes courtes, fauves. Il perce l'écorce des pommiers, pruniers et poiriers languissants sur lesquels il vit. En hiver il se réfugie dans la galerie qu'il a creusée. On ne connait aucun moyen de le combattre. Comme on a remarqué qu'il se jette sur les arbres faibles, on devra rendre la santé à ceux qui commencent à être attaqués, en les émondant, en cultivant la terre à leur pied, en y apportant des amendements, en les arrosant, etc. Si on parvient à leur rendre leur première vigueur, les Scolytes les abandonneront. Si l'arbre est gravement atteint, le plus sûr est de l'arracher et de le remplacer.

Le petit Rongeur du pommier, *Scolytus rugulosus* Ratz. Longueur 2 mill., noir, antennes fauves, écusson petit, élytres ovalaires. La larve est blanche, glabre, apode, longue de 2 mill. Elle perce l'écorce des branches, creuse des galeries sur le bois. Parvenue à toute sa croissance à l'entrée de l'hiver, elle se creuse dans l'aubier une petite cellule où elle reste engourdie pendant l'hiver. Elle se change en chrysalide à la fin de mai et en insecte parfait dans le mois de juin.

Les deux Rongeurs de ces arbres paraissent avoir la mission de faire mourir, le petit les branches malades, le grand le tronc même. La larve du petit Rongeur est atteinte dans sa galerie par deux parasites, le *Pteromalus bimaculatus* N. de E. et le *Blacus fuscipes* Bataill.

Saperde linéaire, *Saperda linearis* Fab. Longueur 17 mill., corps cylindrique, très étroit et très allongé; antennes noires, tête et corselet noirs, légèrement velus; palpes jaunâtres; élytres très longues. Sa larve se nourrit de la moelle et du bois tendre du noisetier, dont elle fait sécher les branches. Elle se change en chrysalide au mois de mai de la seconde année de sa vie, et l'insecte parfait se montre vers le 20 juin suivant. Il ne sort pas de sa galerie immédiatement après sa transformation; il attend pendant quelques jours que son corps soit affermi et ses téguments durcis; alors il perce avec ses mandibules un trou dans les parois de sa prison et se met en liberté. Aussitôt, il voltige sur les noisetiers, s'accouple, et la femelle fécondée va pondre à l'extrémité des bourgeons, ne confiant qu'un œuf au même bourgeon. Pour le combattre il faut couper et brûler les rameaux qu'on voit se flétrir. On peut encore prendre, avec le filet de chasse, les insectes qui voltigent sur les noisetiers pendant le mois de juin; comme ils ont le vol lourd, on s'en empare facilement.

Tordeuse des arbres fruitiers. Ces petites chenilles tordent et lient ensemble les feuilles des arbres fruitiers. Elles sont vertes ou d'un vert brun, ayant la tête noire, une grande tache de la même couleur sur le premier segment du corps et des points noirs sur tous les autres, de chacun desquels sort un poil. Elles sont pourvues de seize pattes. Voici les principales espèces : Pyrale brunie, *Tortrix lævigana* Dup.; Pyrale hépatique, *Tortrix heparana* Dup.; Pyrale du chèvrefeuille, *Tortrix xylostrana* Dup.; Pyrale tachée, *Teras contaminata* Dup.; *Teras nyctemerana* Dup.; *Peuthina pruniana* Dup.; *Aspidia uddmanniana* Dup. Pendant les mois de mai et de juin on leur fait la chasse en brûlant ou écrasant tous les paquets de feuilles roulées que l'on voit sur les arbres. Nous citerons au nombre de leurs parasites, les insectes suivants : *Pimpla scanica* Grav.; *Pimpla turionellæ* Grav.; *Cryptus assertorius* Grav.; *Campoplex rufipes* Grav.; *Campoplex fulvipes* G.; *Meteorus pallidus* Halid.; *Meteorus cinctellus* Halid.; *Microgaster perspi-*

cuus Wesm.; *Microgaster gagates* N. de E.; *Elachestus fenestratus* N. de E.; *Senometopia Gouraldi* R. D.; *Metopia bisignata* R. D.

Urbec, *Rhynchites betuleti* Fab. Longueur 6 mill., rostre compris. Vert doré, brillant; antennes noires de la longueur de la tête, de onze articles, les trois derniers formant la massue; rostre arqué plus long que la tête, laquelle est un peu épaissie à son extrémité, d'un noir bleu. Corselet vert doré, ponctué avec un faible sillon dorsal; élytres deux fois aussi longues que le corselet, plus larges que ce dernier, presque carrées, arrondies en arrière, d'un vert doré, à points enfoncés, nombreux, rangés en stries; pattes vert doré, ponctuées. On trouve des individus de cette espèce qui sont d'un beau bleu indigo à reflets violacés et qui portent de chaque côté du corselet une épine dirigée en avant.

Rhynchites populi Fab. Longueur 6 mill., rostre compris, dessus d'un vert doré ou bronzé, antennes noires, rostre épais, arqué, de la longueur de la tête, un peu plus gros à l'extrémité, d'un vert bronzé, ponctué, avec un petit sillon en dessus; tête vert doré, ponctuée; pattes bleues à tarses noirs. La larve est blanche, courbée en arc, molle, apodée, glabre et formée de douze segments. Ces insectes roulent en paquet cylindrique les feuilles de l'extrémité d'un bourgeon de vigne, de poirier, de cerisier, de hêtre, etc.; la femelle perce son rouleau en quatre ou cinq places différentes et pond un œuf dans chaque trou. A la chute du rouleau, les larves entrent dans le sol, où elles se changent en chrysalides. L'insecte parfait commence à éclore dès le 20 septembre, mais une partie de la génération passe l'hiver dans la terre et ne se transforme qu'à la fin du mois de mai suivant.

Au mois de juin on fait la chasse à ces coléoptères en récoltant et brûlant les paquets de feuilles roulées en forme de cylindre.

Yponomeute du pommier, *Yponomeuta malinella* Dup. Longueur 11 mill., les ailes pliées. Elle est étroite, allongée, d'un blanc de neige: les ailes sont roulées sur le corps; les supérieures portent chacune trois lignes de petits points noirs parallèles dans le sens de la longueur; les ailes inférieures sont noirâtres.

La chenille a 11 mill., elle est brune sur le dos et d'un vert jaunâtre sous le ventre; on aperçoit deux lignes longitudinales de taches noires, rondes, veloutées sur son dos.

Dès la fin de mai ces petites chenilles vivent en familles nombreuses, dans des toiles de soie blanchâtre qui sont attachées aux extrémités des branches des pommiers. Ces espèces de toiles d'araignées prennent journellement de l'extension.

Une chenille toute semblable à celle de l'*Yponomeuta malinella* dévaste quelquefois les cerisiers et souvent les haies d'aubépine. Le papillon porte le nom de *Yponomeuta padella* Dup. On ne connaît pas d'autre moyen de les combattre que d'enlever les toiles qu'elles tissent pendant les mois de mai et de juin et d'écraser les chenilles que renferment ces nids.

Elles ont des ennemis naturels que l'on trouve dans les trois tribus parasites : 1° dans celle des *Ichneumoniens*, on remarque le *Pimpla scanica*, dont nous avons parlé, puis les *Ichneumon brunicornis* Grav., *Campoplex sordidus* Grav., *Anomalon tenuicorne* Grav., *Mesochorus splendidulus* Grav.; 2° dans la tribu des *Chalcidites*, les chenilles qui nous occupent ont un ennemi très redoutable, quoique sa taille soit excessivement petite : son nom est *Encyrtus fuscicollis* N. de E.; 3° enfin leur ennemi le plus dangereux est une mouche de la tribu des *Tachinaires*, l'*Eurigaster pomariorum* Bat.

Tout en faisant les opérations indiquées ci-dessus, il faut soigner les arbres languissants, redonner de la vigueur à la végétation par les labours, les amendements, les engrais, la taille, l'arrosage, etc.; autrement les premiers soins sont inutiles, et les insectes, surtout les gallinsectes, reparaissent bientôt.

II.

Insectes nuisibles aux plantes potagères.

Altises ou Puces des jardins, *Alticæ*.

Petits insectes de l'ordre des coléoptères, qui ont la faculté de sauter très lestement et d'échapper ainsi à la main qui veut les saisir. Voici les principales espèces :

Altica (*Phyllotreta*) *nemorum* Fab. Elle paraît sur les choux et les navets dès le commencement de mars.

Altica (*Plectroscelis*) *concinna* Marsh. Dans les jardins, les haies, les champs de turneps.

Altica (*Crepidodera*) *exoleta* Fab.

Altica (*Graptodera*) *oleracea* Fab. Sur toutes les plantes potagères. Elle cause quelquefois de grands dégâts dans les champs de betteraves et sur les jeunes feuilles de la vigne.

Altica (*Crepidodera*) *helxines* Fab. Dans les jardins et sur le saule marsault.

Altica (*Teinodactyla*) *atricilla* Fab., commune dans les jardins.

Altica (*Phyllotreta*) *nigripes* Panz. Sur les radis, les capucines et les navets.

Altica (*Phyllotreta*) *pæciloceras* Kun. Sur le *Cochlearia armoracia*.

Altica (*Phyllotreta*) *atra* Payk. Commune sur les choux, les radis, etc.

Altica (*Phyllotreta*) *melæna* Illig. Sur les crucifères.

Altica (Phyllotreta) punctulata Marsh. Id.

Altica Phyllotreta) brassicæ Fab. Sur les choux dans les jardins.

Altica (Phyllotreta) flexuosa Panz. Id.

Les Altises étant très nuisibles, on a cherché les moyens de les détruire ou de les éloigner. Celui qui est le plus usité consiste à recouvrir d'une légère couche de cendres lessivées les semis de choux, de navets, de radis. Cette opération doit se faire lorsque les jeunes plantes commencent à pousser. On peut aussi arroser les plantes envahies par ces insectes avec un liquide formé d'un mélange de 1 kilog. 250 grammes de savon noir, 1 kilog. 250 g. de soufre, 1 kilogr. champignon de bois ou de couche et 60 litres d'eau. On met d'abord dans 30 litres d'eau le savon et les champignons concassés; on fait bouillir dans 30 litres d'eau le soufre renfermé dans un sachet de toile; on mélange les deux liquides, qu'on laisse fermenter.

Une autre recette, plus simple et plus économique, consiste à recouvrir les semis d'une légère couche de sciure de bois imprégnée de goudron de houille, appelée *coaltar*, dans la proportion de 2 0/0 de goudron mesuré en poids.

On a recommandé aussi l'emploi de la brouette de Hamer, ou puceronien, espèce de petite charrette dont le fond rapproché de terre es enduit de goudron minéral ou végétal. Au passage de l'instrument les Altises sautent et se collent au goudron. On reproche à ce moyen d'exiger trop de main-d'œuvre. Les arrosages fréquents produisent de bons résultats, car les Altises n'aiment pas l'eau.

Beaucoup de cultivateurs se contentent d'arroser les plantes avec des infusions d'absinthe, ou de les saupoudrer avec de la cendre vive de bois ou de la chaux en poudre.

Bruches.

La Bruche du pois, *Bruchus pisi* Fab., ronge les pois des champs de toutes les variétés. Il est essentiel de ne semer que des pois intacts. On reconnaît les pois attaqués en jetant toute la semence dans l'eau; ceux qui surnagent sont souvent attaqués, ceux qui vont au fond de l'eau sont ordinairement sains. Les grains sur lesquels on aperçoit un petit cercle brun renferment un insecte.

La Bruche de la fève, *Bruchus rufimanus* Schoen., se nourrit dans la fève des marais.

Bruche de la lentille, *Bruchus pallidicornis* Schoen. Aussitôt après la récolte on peut empêcher la multiplication de cet insecte en passant au four les grains infestés. Elle a pour ennemi naturel un parasite de l'ordre des Hyménoptères, dont le nom est *Pteromalus varians* N. de E.

La Casside verte, *Cassida viridis* Lin., broute les feuilles d'artichaut et se nourrit de leur parenchyme. On ne connaît d'autre moyen de détruire les larves et les insectes que de leur faire la chasse et de les écraser.

Le Charançon cou sillonné, *Ceutorhynchus sulcicollis* Schoen., se porte sur la partie supérieure de la racine des choux et des navets, qu'il couvre de tubercules. On ne peut en diminuer le nombre qu'en brûlant les racines de choux attaquées, en nettoyant de leurs larves les racines de navet à mesure qu'on les arrache. Ce charançon a deux parasites : le *Sigalphus pallipes* N. de E. et le *Taphæus affinis* Wesm.

On a conseillé de rouler très énergiquement les terrains infestés par ses larves et de pratiquer ce roulage en décembre et en janvier, époque où l'insecte est à l'état de nymphe molle et peu enterrée. Une forte pression peut en écraser un grand nombre.

Courtilière ou Taupe-grillon, *Gryllo-talpa vulgaris* Lat. Longueur 45 mill., sans compter les queues, qui en ont environ 25; brune, soyeuse, élytres courtes d'un blanc jaunâtre extérieurement et brunes intérieurement. Au mois de juin la femelle construit dans le voisinage de sa galerie un nid à la profondeur de 30 centimètres dans le sol; il est long de 50 mill. et large de 26, en forme de bouteille ayant un cou courbé qui communique avec la surface du sol; son intérieur est lisse pour recevoir les œufs, dont le nombre s'élève de 300 à 400. Ces œufs, de la grosseur d'une graine de turneps, sont ovales, brillants, d'un jaune brun. Un mois après la ponte, l'éclosion a lieu. Cet insecte est très dangereux pour les jardins ; ses pattes antérieures lui permettent de creuser sous terre des galeries, où il voyage à la recherche des larves et des insectes nécessaires à sa nourriture. En parcourant ainsi le terrain à trois, quatre ou cinq centimètres de profondeur, il coupe les racines des plantes et les fait périr. Ces insectes se mangent les uns les autres lorsqu'ils peuvent s'attraper; la mère dévore un grand nombre de ses petits, et sur cent il n'en reste pas plus de huit. Pour diminuer leurs ravages, il serait utile de rechercher leurs nids et d'enlever les œufs qu'ils contiennent. L'huile et l'eau de savon versées dans leurs galeries les tuent lorsqu'ils en sont atteints. La marne, la suie, la chaux, contribuent à les expulser. L'eau bouillante, l'urine, l'eau salée, peuvent être versées sur les places infestées. Il est bon de creuser, en septembre, des fossés d'environ 80 cent. de profondeur et de les remplir de fumier de cheval recouvert de terre. A l'approche du froid, toutes les courtilières répandues dans les champs viendront tomber dans ce piége. Les taupes en détruisent un grand nombre, et il n'est pas toujours sage d'expulser celles-ci des prairies.

Criocère de l'asperge, *Crioceris asparagi* Geoff., et *duodecim punctata* Lat. Ces deux petits insectes rongent les feuilles iciculaires de l'asperge, mais ils n'attaquent pas les turions. Le seul moyen de s'en débarrasser est de les récolter pour les écraser ensuite.

Fourmi jaune, *Formica flava* Fab. Les fourmis recherchent le miel, le sucre, les fruits confits, les fruits mûrs, les liqueurs sucrées qui découlent de certains arbres. Si l'on voit souvent les fourmis courir sur les arbres, c'est moins pour les ronger que pour chercher les pucerons, les gallinsectes et les psylles qui sont établis sur les feuilles ou sur les bourgeons. Tous ces petits homoptères sucent la séve pour se nourrir, et secrètent continuellement des gouttelettes d'un liquide légèrement sucré, dont les fourmis sont avides.

Les fourmis vivent en sociétés composées de trois sortes d'individus : des femelles aptères en petit nombre, dont l'unique occupation est de pondre; des femelles ailées en quantité notable à une certaine époque de l'année; des mâles ailés en grand nombre à la même époque, et des ouvrières très nombreuses en tout temps. Ces dernières, qui sont des femelles dont les ovaires sont avortés, sont les plus petits habitants de la cité; les mâles sont un peu plus grands, et la taille des femelles est plus forte que celle des mâles.

Il y a divers moyens de les détruire. Si l'on ignore où est la fourmilière et qu'on ait à se défendre contre des individus isolés, on place à leur portée des vases contenant de l'eau sucrée ou miellée dans laquelle elles se noient. Lorsqu'on connaît la fourmilière, on verse dessus de l'eau bouillante, et on l'inonde à plusieurs reprises, ou bien on y verse une décoction de tabac ou de l'eau benzinée. Ces opérations doivent être faites le soir, lorsque la population est rentrée au logis.

Mouche du navet, *Anthomyia brassicæ* R. D. Sa larve se creuse une galerie dans l'intérieur des navets. L'*Anthomyia radicum* Meig. se développe dans les racines du raifort et les altère.

La Mouche de l'échalotte, *Anthomyia platura* Macq., produit une larve qui ronge le tubercule de l'échalotte.

Mouche de la betterave, *Pegomyia hyoscyami* Macq. Sa larve dévore les feuilles. On fera bien d'écraser toutes les larves qu'on trouvera sur les feuilles de différentes plantes.

Mouche de l'oseille, *Pegomyia acetosæ* R. D.

Mouche du panais, *Tephritis onopordinis* Fab. Depuis le mois de juin au mois de novembre, on doit enlever et brûler toutes les feuilles minées.

La Noctuelle du chou, *Hadena brassicæ* Dup., se nourrit de chou, particulièrement de la variété appelée cabus ou pommé.

On ne peut combattre cet insecte qu'en écrasant sa chenille en juillet et août. Sa chrysalide, de couleur ferrugineuse, doit être écrasée lorsqu'on la trouve en labourant les jardins au printemps. On compte parmi ses ennemis une mouche dont le nom entomologique est *Tachina hadenæ* G.

Noctuelle gamma, *Plusia gamma* Dup. Sa chenille vit sur le chou, la laitue, l'épinard et sur la plupart des légumineuses.

Noctuelle fiancée, *Triphæna pronuba* Dup. Lorsque la chenille est parvenue à toute sa croissance, vers le 15 octobre, elle est grosse comme le petit doigt et longue de 5 centimètres. Sa couleur est d'un vert sale avec une teinte cuivrée. Elle se cache pendant le jour ; le soir elle sort de sa retraite pour se nourrir de laitue, d'oseille, etc.

Noctuelle de la laitue, *Polia dysodea* Dup. Sa chenille dévore la graine tendre de la laitue.

La **Noctuelle potagère**, *Hadena oleracea* Dup., se trouve dans les jardins, où, comme son nom l'indique, sa chenille se nourrit sur les plantes potagères.

Le **Papillon blanc veiné de vert**, *Pieris napi* Dup., a deux générations dans l'année, l'une fin avril, l'autre en juillet. Ses chenilles mangent les feuilles de turneps, choux, etc.

Papillon (le grand) du chou, *Pieris brassicæ* Lat., est très commun. Il a 28 millim. de largeur, lorsque ses ailes sont étendues. Le corps est noir, couvert de poils blancs ; antennes annelées de noir et de blanc ; les ailes sont blanches ; les supérieures ont l'extrémité et une partie du bord postérieur noirâtres ; celles de la femelle ont en outre trois taches noires au milieu. La femelle pond ses œufs sur le revers des feuilles de chou. Ils sont en plaques d'un blanc jaunâtre. On le prend au moyen du filet à papillon ; il faut aussi écraser les chenilles et les œufs. Sa chenille est exposée aux atteintes d'un très petit parasite, qui en détruit les trois quarts au moins ; c'est le *Microgaster glomeratus* N. de E.

Papillon (petit) du chou, *Pieris rapæ* Dup. Ce petit papillon blanc est très nuisible au turneps, aux choux, au cresson, au réséda, etc., dont sa chenille dévore les feuilles. Cette dernière est attaquée par deux parasites de l'ordre des Diptères ; ce sont le *Doria concinnata* Meig. et le *Phryx pieridis* R. D.

Perce-oreille, *Forficula auricularia* Lin. Ordre des Orthoptères, famille des Forficulaires. L'insecte parfait a 13 millimètres environ de longueur, non compris la pince, qui a 6 millimètres. Tète roussâtre ; antennes filiformes de quatorze articles, corselet brun, élytres très courtes. Ces insectes s'accouplent en automne, et au mois d'avril la femelle dépose ses œufs blancs, au nombre de dix à trente, sous une pierre ou sous une écorce d'arbre. Six semaines après la ponte les larves éclosent. Elles sont privées d'ailes, mais elles portent à l'extrémité de l'abdomen la pince qui les caractérise. C'est vers la fin de septembre qu'elles se changent en insectes parfaits.

Pour en détruire un certain nombre, on suspend de petites bottes de brindilles près des jeunes plantes potagères attaquées pendant la nuit. Les forficules s'y réfugient à l'approche du jour, et on secoue ces bottes sur le feu ou au-dessus d'un baquet plein d'eau.

Phytomyze géniculée, *Phytomyza geniculata* Meig. Ses petites larves se nourrissent dans l'intérieur des feuilles de chou, de capucine, de giroflée, de pavot, etc., qu'elles sillonnent de galeries blanchâtres à l'extérieur.

Psylomyie de la rose, *Psylomyia rosæ* Meig. Sa larve ocreuse et luisante ronge les carottes.

Pucerons des plantes potagères :

PUCERON DU CHOU, *Aphis brassicæ* Lin. Cet insecte se trouve sur le revers des feuilles de chou, de juillet à novembre. On le détruit avec la poudre coaltarée et avec les poudres végétales insecticides du commerce; mais l'eau salée est préférable. On fait dissoudre sur le feu une petite poignée de sel gris dans un litre et demi d'eau. Quand la dissolution est refroidie, on promène une éponge douce ou un morceau de ouate imbibé de ce liquide, sur les nichées de pucerons.

PUCERON DE LA RAVE, *Aphis rapæ* Curt. Sous les feuilles de la rave.

PUCERON DE L'OSEILLE, *Aphis rumicis* Lin. Sur l'oseille.

PUCERON DE LA FÈVE, *Aphis fabæ* Blanch. Sur la tige et les feuilles de la fève des marais. Les moyens de destruction à essayer contre eux sont les lotions et les aspersions avec des liquides ou des poudres insecticides.

Le PUCERON DES RACINES, *Aphis radicum* G., attaque la racine de l'artichaut, de la chicorée, etc. On peut essayer contre lui l'emploi de poudres de pyrèthre ou de tabac, répandues au pied des plantes attaquées dont on aura préablement découvert le collet.

· PUNAISE DU CHOU, *Pentatoma ornatum* Fab. De juillet à septembre les choux sont souvent envahis par un insecte qui répand une odeur très désagréable lorsqu'on le touche. Le seul moyen de le détruire est de l'écraser sous ses trois formes de larve, de nymphe et d'insecte parfait. Il faudra aussi enlever les œufs que l'on trouvera sur le revers des feuilles de chou.

TEIGNE DES POIS VERTS, *Grapholitha pisana* Guer. Famille des nocturnes. Le papillon a 15 millimètres d'envergure, gris, satiné. Pendant les mois de juillet et d'août sa chenille s'introduit dans la gousse des pois verts et dévore les semences qu'elle renferme.

On fera bien d'enlever tous les pois véreux et de tuer les chenilles qu'ils renferment.

TEIGNE DU POIREAU et DE L'OIGNON, *Lita vigeliella* Dup. Longueur 7 millimètres, antennes filiformes, noires, palpes noirâtres, tête et corselet gris, ailes noirâtres posées sur le corps en toit écrasé.

La chenille creuse dans les feuilles de poireau des galeries longitudinales. Pour la combattre on pourrait essayer de répandre sur les plantes attaquées une poudre insecticide, comme le tabac, le pyrèthre, les cendres lessivées, la suie, la sciure de bois imprégnée de coaltar, etc.

TEIGNE DE LA CAROTTE, *Hæmilis daucella* Dup. La chenille se nourrit des graines de la carotte et du panais. Comme elle est très craintive, on pourra en délivrer le jardin en secouant la plante sur une feuille de papier. Elle a pour parasite le *Cryptus profligator* Grav. et l'*Ophion vulnerator* Grav.

TIPULE POTAGÈRE, *Tipula oleracea* Lin. Ses larves vivent dans la terre et infestent quelquefois les jardins et les prairies en rongeant les racines des plantes.

Il existe une autre Tipule tellement ressemblante à la précédente qu'elle est généralement confondue avec elle. Leurs mœurs sont semblables, mais elles paraissent devoir former deux espèces. Meigen l'a nommée *Tipula paludosa* pour marquer qu'elle vit dans les gazons marécageux.

Il y a encore une autre espèce de Diptère dangereuse pour les jardins ; son nom entomologique est *Pachyrhina maculosa* Macq. Le seul moyen de les détruire est de les chercher de grand matin au pied des plantes malades.

On appelle VER GRIS, VER COURT, une chenille très nuisible qui habite dans la terre au pied des plantes potagères. Elle se nourrit des racines et des feuilles basses, qu'elle atteint pendant la nuit en sortant de sa retraite. Elle commence à exercer ses ravages dès le commencement d'août ; si à cette époque on transplante de la chicorée dans un jardin renfermant de ces chenilles, on ne tarde pas à voir tomber le jeune plant coupé près de terre.

Les chenilles des *Agrostis segetum* Hub. et *Agrostis exclamationis* Dup. ne sont pas moins à craindre dans les jardins.

Aucun moyen n'est connu pour s'opposer efficacement à leurs ravages : cependant il sera utile, dès qu'on verra jaunir les plantes potagères, de fouiller au pied avec un couteau sans blesser la plante, et de tuer les chenilles ou larves qu'on y trouvera.

III.

Insectes nuisibles aux céréales et aux fourrages.

AGROMYZE PIED NOIR, *Agromyza nigripes* Meig. Sa larve vit dans l'intérieur des feuilles de luzerne, dont elle ronge la substance. Les feuilles attaquées sont tachées de blanc. Parvenue à toute sa croissance dans l'espace de quelques jours, elle se laisse tomber et s'enfonce un peu dans la terre ; elle se change bientôt en pupe, et la mouche s'envole trois semaines après.

L'AIGUILLONNIER, *Saperda marginella* Fab., paraît au mois de juin, quand les blés sont en fleur. La femelle perce un petit trou dans la tige, près de l'épi, et y introduit un œuf, qui, tombé au premier nœud du chaume, donne bientôt naissance à un petit ver ou larve qui monte le long du tuyau jusqu'à la base de l'épi, et ronge ce tuyau, ne laissant intact que l'épiderme. L'épi ainsi isolé ne reçoit plus de sucs nourriciers, reste vide, se dessèche et tombe au premier vent. Après avoir ainsi affaibli l'intérieur de la tige, près de l'épi, cette larve descend dans le chaume, perce ses nœuds et va se loger au bas de la tige, à une hauteur d'environ 6 centimètres au-dessus du sol, afin d'y passer l'hiver. A la fin de mai, elle se métamorphose en chrysalide, et peu de jours après en insecte parfait, qui ne tarde pas à jouir de sa liberté pour parcourir de nouveau les phases de son existence.

On peut détruire cet insecte, après la moisson, en arrachant et brûlant sur place le chaume dans les champs attaqués. Nous l'avons observé de 1858 à 1860 sur le mont de Champagney. Il est très rare en Franche-Comté.

ALUCITE DES CÉRÉALES, *Butalis cerealella* Dup. Son papillon est de couleur grise, long de 5 millimètres. Il se montre un peu avant la moisson. La femelle pond ses petits œufs rouges sur les épis, en ayant soin de n'en déposer qu'un seul sur chaque grain. Ces œufs éclosent au bout de quelques jours ; la petite chenille se tient couchée dans le sillon du grain, qu'elle perce pour en manger l'intérieur. L'Alucite attaque le blé, l'avoine, l'orge et le maïs.

Il est bon de n'employer que des semences saines, éprouvées par l'eau.

Les blés attaqués sur pied seront coupés un peu verts et battus immédiatement au moyen de la machine à battre ordinaire; les ailes du tambour-batteur, animées d'une vitesse de 600 à 700 tours à la minute, blessent ou tuent les insectes, même lorsqu'ils sont renfermés dans l'intérieur du grain et protégés par son enveloppe.

Quand, au lieu d'opérer sur des gerbes, il s'agit de nettoyer des grains destinés à être conservés et de les purger des œufs ou des larves qui les infestent, la machine à battre remplit encore fort bien l'office de brise-insecte ou de tue-teigne.

On y introduit le blé en nappe mince, au moyen d'une large trémie, munie d'une portée ou planchette mobile laissant une ouverture d'un centimètre de hauteur.

On peut encore croiser les courroies, ou les disposer de manière à ce que le tambour-batteur tourne en sens inverse de sa direction ordinaire, c'est-à-dire que les aubes frappent le grain en remontant, ou de bas en haut.

La vitesse doit être telle que les grains creusés ou attaqués soient seuls brisés, mais il ne faut pas l'exagérer au point d'endommager les grains sains.

L'APION DU TRÈFLE, *Apion aprioans* Schoen., exerce ses ravages sur les graines de cette plante et en détruit une grande quantité. On ne connaît aucun moyen de le détruire ; mais il a deux ennemis naturels, le *Calyptus macrocephalus* N. de E. et le *Pteromalus pione* Walk.

BOMBYX DU TRÈFLE, *Bombyx trifolii* Lin. Sa chenille est grande, elle se nourrit de trèfle, de plantain, de ronce, de genêt, etc.; elle vit aussi sur le chêne, le hêtre, le frêne, le saule, les épines; elle est ce qu'on nomme polyphage. Elle est atteinte par un grand Ichneumonien dont la larve la ronge intérieurement et la fait périr. Ce parasite est le *Peltastes dentatus* Grav.

Le Bombyx de la luzerne, *Bombyx medicaginis* Borkh., est probablement une variété du précédent, résultant de la différence de nourriture qui a influé sur la couleur. Il est très rare. Sa chenille vit sur la bruyère, la luzerne, le gazon, etc.

La Bruche de la Vesce, *Bruchus nubilus* Schoen., ronge les graines de cette plante. Dès le 15 août on la trouve toute formée dans les vesces, et c'est alors qu'elle commence à en sortir pour se répandre dans la campagne. Au printemps suivant elle pond sur les jeunes gousses. Elle n'atteint que les graines ; en conséquence, si on fait manger les fourrages en vert, on détruit une multitude de larves, et l'espèce ne se trouve plus que dans la partie de la prairie conservée pour semences. Lorsqu'on s'aperçoit que les vesces sont attaquées, il faut les passer au four. Quant aux semences, on doit les mettre dans l'eau et ne semer que les grains tombés au fond du vase. Ceux qui surnagent doivent être mis au four et donnés aux volailles.

Cette Bruche a un parasite ; c'est le *Pteromalus varians* N. de E.

Carabe bossu, *Carabus gibbosus* Fab. Quoique cet insecte fasse partie de la famille des coléoptères carnassiers et que ses associés vivent de matières animales sous leurs deux états de larve et d'insecte parfait, il fait exception à la règle générale et se nourrit de substances végétales au moins pendant son premier âge. Sa larve attaque le blé, le seigle et l'orge ; elle sort de terre pendant la nuit et ronge le dedans de la tige de ces plantes près du sol. Les insectes eux-mêmes grimpent sur les tiges pendant le jour et rongent les grains dans les épis. On ne connaît pas de moyen assuré d'éviter ses atteintes.

Casside nébuleuse, *Cassida nebulosa* Lin. Longueur 6 millimètres. A sa naissance, elle est verte, mais elle devient graduellement couleur de tan en dessus et noire en dessous; sa forme est elliptique. Les larves se tiennent sur le revers des feuilles de betteraves rouges, qu'elles rongent en petits espaces ronds et qu'elles criblent de trous.

Cécidomyie du froment, *Cecydomyia tritici* Lat. Longueur, 1 millimètre 1/2. Elle est d'un jaune pâle, antennes brunes, filiforme, ailes transparentes lavées de jaune. Le mâle est noirâtre avec les pattes jaunes. La Cécidomyie produit parfois les plus grands dégâts dans les champs de blé. Le Charançon, la Teigne et l'Alucite détruisent une quantité considérable de froment, mais on peut s'apercevoir de leur présence dans le grenier et sauver une bonne partie de la récolte en faisant moudre immédiatement. On n'a pas cette ressource avec la Cécidomyie, car elle attaque le blé dans les champs et s'oppose à la formation du grain; elle n'empêche pas la moisson de croître, mais elle détruit le grain dans les épis, qui sont presque vides quand on les transporte à la grange. Cet insecte paraît au moment de l'épiage du blé. Si à cette époque on regarde avec attention un champ de blé au coucher du soleil, on voit une multitude de petits moucherons jaunes, à longues pattes, s'élever de terre, voltiger entre les tiges, se poser sur les épis, s'y tenir collés et faire sortir de l'extrémité de leur abdomen un long tuyau membraneux qu'ils engagent entre les balles du grain. Ils restent longtemps immobiles dans cette position et pondent dans la capsule où le grain doit se former, depuis deux œufs jusqu'à vingt. Ces œufs jaunâtres sont très petits. Il en sort au bout de peu de jours de petits vers jaunes qui pour se nourrir sucent la séve destinée au grain. Les larves, qui commencent à se montrer vers le 20 juin, ont pris tout leur accroissement au 15 juillet. N'ayant plus besoin de manger, elles s'élancent à terre. Elles passent dans le sol l'été, l'automne et l'hiver, et se transforment en insectes parfaits au moment de l'épiage du blé, c'est-à-dire dans la première quinzaine de juin. On ne connaît aucun moyen de s'opposer à la multiplication de cette espèce; mais elle a des ennemis naturels qui parviennent à en diminuer le nombre. On remarque, après la floraison du blé, de petits moucherons noirs qui se promènent sur les épis, qui se glissent entre les épillets ou qui se tiennent immobiles; ils ont 1 millimètre de longueur, sont pourvus de quatre ailes et d'antennes relativement longues; ils pondent leurs œufs dans les larves de la Cécidomyie, qu'ils percent avec leur tarière. Chaque œuf coûte la vie à une Cécidomyie, puisqu'il en sort une larve qui dévore celle de cette tipulaire. Ces moucherons font partie de l'ordre des *Hyménoptères*, de la famille des *Pupivores*, tribu des *Oxyuriens*, genre *Platygaster*. Voici les espèces les plus recommandables : *Platygaster muticus* ; *Platygaster scutellaris*; *Platygaster punctiger* N. de E.

CÉPHUS PYGMÉE, *Cephus pygmæus* Lat. Longueur 9 millimètres. Il est svelte et noir.

En traversant des champs de blé ou de seigle quinze jours avant la récolte, on peut apercevoir des épis blancs et droits s'élevant au-dessus des autres, et paraissant avoir atteint leur maturité. Ils présentent un contraste frappant avec les plantes voisines, qui sont encore vertes et dont les épis remplis de grains sont courbés vers la terre, tandis que les autres sont à peu près vides. En fendant longitudinalement avec soin le chaume, on remarque qu'il contient une poudre jaunâtre; que les nœuds de la paille sont perforés, qu'il existe au-dessous de l'un des nœuds une larve occupée à manger la partie médullaire de la plante. Cette larve du Céphus porte six pattes rudimentaires. Quelques jours avant la moisson, elle se retire près des racines, où elle passe l'hiver. Au mois de mai, la larve se métamorphose et donne naissance à une mouche à quatre ailes, qui va pondre ses œufs au-dessous de l'épi. Cet insecte a pour ennemi naturel un Ichneumonien désigné par le nom de *Pachymerus calcitrator* Grav.

Le CHARANÇON DU BLÉ, *Sitophilus granarius* Schœn., fait partie de la famille des *Porte-bec* ou *Curculionites*, de la tribu des *Erirhinites*. L'insecte parfait a 3 millim. de long. Sa forme est allongée ; tout le corps est brun. Après sa fécondation, la femelle entre dans un tas de blé, y pénètre à 5 centim. de profondeur environ, puis elle choisit le grain dans lequel elle veut pondre un œuf. Elle y fait un petit trou avec ses dents. Elle dépose un œuf dans le trou, puis elle passe à un autre grain, continuant ainsi jusqu'à la fin de sa ponte. Au bout de quelques jours, l'œuf éclot, et il en sort un petit ver qui ronge la farine située à sa portée. Il agrandit sa demeure à mesure qu'il croît, et lorsqu'il a pris toute sa taille, il a consommé à peu près toute la farine. Il emploie environ un mois à prendre son développement. Il n'altère nullement la couleur et la forme du grain ; mais si on jette ce grain dans l'eau, il surnage, tandis que le blé sain va au fond.

Parvenu à toute sa croissance, le ver se change en chrysalide dans son habitation, et peu de temps après il prend la forme d'insecte parfait, perce sa prison et se met en liberté. Il s'écoule de 40 à 45 jours entre la ponte et la sortie de l'insecte. Les générations se succèdent pendant tout l'été et l'automne, jusqu'à ce que le froid lui ôte l'activité nécessaire à la propagation de son espèce. A l'approche de l'hiver, il se réfugie dans une gerçure de bois, un trou de mur, etc.

Le procédé le plus efficace pour combattre ce dangereux ennemi consiste à passer dans une étuve chauffée à 60° R. tout le blé charançonné. Cette chaleur tue les insectes parfaits, les larves et les œufs, sans détruire la faculté germinative du grain. Ce qui nous paraît le plus sûr et le plus économique, c'est de réduire immédiatement en farine le blé attaqué par le charançon, de nettoyer le grenier et de passer un an sans y déposer de nouveau grain.

Les murs des greniers doivent être couverts d'un enduit lisse, sans fissure; le plancher doit être bien joint. Il faut en tout temps tenir les granges et les magasins à blé dans le plus grand état de propreté.

Le Charançon a pour ennemi un petit Chalcidite du genre *Pteromalus*, dont la larve dévore la sienne. Ce parasite a 2 mill. de long.; il est entièrement d'un vert bleuâtre foncé, avec les antennes noires, les yeux rougeâtres, les ailes hyalines et les pattes blanchâtres.

Chlorops linée, *Chlorops lineata* Guer. Longueur, 3 millimètres, jaunâtre. La larve de cette petite mouche ronge les feuilles centrales des jeunes pieds de blé. Elle est atteinte dans son gîte au-dessus des racines, par un parasite désigné sous le nom d'*Alysia Olivieri* par M. Guérin.

Le Chlorops a pieds annelés, *Chlorops tæniopus* Meig., attaque le blé et l'orge. Il diffère peu du précédent.

Chlorops de l'orge, *Chlorops herpini* Guer. Longueur, 3 millimètres, jaunâtre.

On voit, par ce qui précède, que les Chlorops sont de petites mouches nuisibles aux céréales, puisque leurs larves vivent dans les tiges du blé, du seigle, de l'orge et de l'avoine, ou dans les épis, dont elles rongent les grains. Elles sont très nombreuses. Dans les abris où elles se cachent pour passer l'hiver, on en peut voir des milliers réunies, soit au plafond d'appartements inhabités, soit dans les lierres qui tapissent les vieux murs.

Nous ne connaissons pas de moyens préservatifs contre ces petites mouches, ni contre leurs larves, dont la présence ne se décèle que quand le mal qu'elles ont produit est irrémédiable.

Criocère de l'orge, *Crioceris melanopa* Fab. Quoique ce petit insecte soit peu nuisible à l'orge et à l'avoine, dont sa larve ronge les feuilles, il est cependant convenable d'en dire un mot, parce qu'un cultivateur peut désirer savoir ce que signifient ces petites masses globuleuses, un peu allongées, visqueuses, qu'il voit sur les feuilles d'orge ou d'avoine, à la fin de mai. Ces petites masses luisantes sont des larves ovalaires, rougeâtres, ayant une petite tête écailleuse, douze segments sur le corps et six pattes écailleuses. Ces larves se nourrissent des feuilles d'orge et d'avoine.

Hanneton solstitial, *Amphimallon solstitiale* Lat. Longueur, 16 millimètres. Antennes testacées, élytres d'un jaune livide, luisantes, yeux ronds, grands, noirâtres, tête et corselet ponctués d'un brun rougeâtre. Sa larve, comme celle de tous les hannetons, ressemble pour la forme à celle du hanneton commun, et à première vue elle n'en diffère que par la taille, qui est un peu plus petite. Elle se nourrit des racines des plantes qui croissent sur le sol où elle se trouve.

Hanneton d'été, *Rhisotrogus æstivus* Lat. Long., 14 mill.; d'un roux jaunâtre pâle; antennes ocreuses; tête et corselet ponctués, testacés. Ce hanneton se trouve fréquemment dans les champs de blé, à l'époque de la moisson. Il ne fait pas beaucoup de mal sous sa forme parfaite, mais sa larve ronge les racines des plantes.

On rencontre encore dans les blés une autre espèce de hanneton de la taille du précédent; c'est l'*Amphimallon fuscum*, espèce non moins nombreuse que l'autre, et qui lui ressemble, mais qui est entièrement d'un brun noirâtre avec des poils blanchâtres sur le corselet, l'écusson et la poitrine. — On ne possède aucun moyen de détruire ces insectes, dont la larve est nuisible aux récoltes. Les corbeaux et les corneilles qui suivent les charrues dévorent un grand nombre de ces larves; il faut donc se garder de les éloigner en leur tirant des coups de fusil. En fouillant la terre, les porcs en atteignent aussi une notable quantité, et on doit les mettre dans les champs pendant les moments où la terre n'est pas occupée par les plantes cultivées.

Hanneton a corselet vert, *Anisoplia horticola* Fab. Long., 10 mill., largeur, 5 mill. Brillant, couvert de poils longs, hérissés. Tête, thorax, écusson d'un vert brillant, ponctués; chaperon bordé, antennes ferrugineuses; élytres couleur de tan, brillantes. La femelle périt après avoir déposé environ cent œufs dans la terre, et les petites larves, dès qu'elles sont écloses, commencent leurs ravages sur les racines des herbes. Elles vivent pendant trois ans, et généralement elles se tiennent à 27 mill. de profondeur. A l'approche de l'hiver elles s'enfoncent davantage. Cette larve est plus petite que celle du hanneton commun. L'insecte parfait sort de sa chrysalide à la floraison des roses, dont il mange les étamines, le pollen, les pétales et même les feuilles; dès qu'elles ne lui fournissent plus une nourriture suffisante, il se rend dans les champs pour vivre sur le blé et l'avoine. On détruit ces insectes dans les prairies infestées en arrosant les lieux envahis avec un mélange d'un dixième de liqueur de gaz et 9/10 d'eau. Sans nuire à l'herbe, ce liquide fait mourir les larves mineuses. De l'eau fortement salée peut servir à défaut de la liqueur de gaz. On peut encore profiter du temps doux du printemps pour retourner la terre envahie, alors que les larves sont près de la surface du sol, et les exposer à la voracité des corbeaux, des étourneaux, des grives, des merles, des rouges-gorges et des moineaux.

Hanneton des champs, *Anisoplia agricola* Fab. Long., 10 mill., largeur, 5 mill. Tête et corselet d'un vert foncé. Beaucoup moins commun que le précédent, ce hanneton ronge les grains tendres du blé et même ceux du seigle.

Noctuelle du blé, *Agrostis tritici* Lin. Le blé est exposé à la voracité d'une chenille qui commence à l'attaquer dans les champs dès le moment de la floraison et qui continue à le ronger jusqu'à la moisson. Elle entame le grain dans le sillon et y perce un trou pour atteindre la substance intérieure, dont elle fait sa nourriture. Dans sa jeunesse elle est blanchâtre, porte sur le dos quatre raies longitudinales d'un jaune testacé et trois lignes blanches.

Oscine dévastante, *Oscinis vastator* Curt. Long., 1 mill. 1/2. Brillante, d'un noir verdâtre. Cette petite mouche est très nuisible aux céréales. Nous avons trouvé dans des tiges de blé renfermant des pupes de l'Oscine, un petit parasite dont le nom entomologique est *Sigalphus caudatus* N. de E. Sa longueur est de 3 mill. Noir, brillant; la tête est presque ronde, les antennes sont aussi longues que le corps, filiformes, menues, formées de 20 articles; le thorax est ovale, à sutures profondes.

Puceron du blé, *Aphis granaria* Kirby. Aptère. Longueur 2 millimètres et demi. Vert; les yeux, l'extrémité des antennes, l'extrémité des cuisses et des tibias, les cornicules noirs; bec noirâtre, dépassant les hanches postérieures.

Ailé. Longueur 2 millimètres et demi, avec les ailes 4 millimètres. Tête et thorax d'un fauve testacé, abdomen vert; ailes hyalines avec une bande d'un testacé brunâtre le long de la cotte, entre le bord et la nervure sous-costale; antennes, pattes, bec, cornicules comme dans l'individu aptère.

Du 15 juin au 15 juillet, on trouve assez fréquemment des familles de Pucerons sur les épis de blé. Ils enfoncent leur petit bec dans les épillets pour en sucer la séve, et par là ils peuvent nuire à la croissance du grain. Les familles sont plus ou moins nombreuses et formées de Pucerons ailés en petit nombre, et de Pucerons aptères beaucoup plus abondants, pressés les uns contre les autres ; parmi ces derniers, on en voit de toutes les tailles, depuis les plus petits qui viennent d'être pondus, jusqu'aux mères occupées à pondre. Ce Puceron est chassé par un parasite appelé *Aphidius avenæ* par M. Haliday.

Silvain a six dents, *Sylvanus sexdentatus* Fab. Longueur 2 millimètres et demi. Brun, plat, très étroit, ponctué, revêtu de poils jaunes courts, couchés, épars ; tête large, trigone. Il porte trois petites rides sur le dos ; à chaque côté sont six dents ; l'écusson est petit, les élytres sont longues.

Sa larve est un petit ver jaunâtre, déprimé, long de 3 millimètres.

Ce petit coléoptère est commun dans les granges et les greniers. Comme il se trouve aussi sous l'écorce des arbres, on pense qu'il se nourrit de petits insectes. On peut donc jusqu'à nouvel ordre le regarder comme un insecte utile, dont le rôle est de dévorer les larves du charançon et d'autres insectes qui vivent dans les greniers et les granges.

Taupins. Les coléoptères appelés vulgairement *Toque-Marteaux*, *Taupins*, et en latin *Elateri*, se trouvent communément à la campagne et sont faciles à reconnaître à leur forme allongée, étroite et déprimée, à leurs pattes courtes et à leur propriété de sauter, lorsqu'on les place sur le dos, en faisant entendre un petit bruit ; ils exécutent ce saut pour se remettre sur leurs pattes. On en voit souvent certaines espèces sur les épis de blé au mois de juillet. Il paraît que leurs larves rongent les racines du blé. Ces larves sont filiformes, allongées, luisantes, à peau écailleuse, de couleur jaunâtre, formées de douze segments. Elles ressemblent beaucoup à celles qui vivent dans la farine et qu'on appelle *vers de farine*, lesquelles produisent le *Ténébrion meunier, Tenebrio molitor* Lin.

Les espèces qui se trouvent le plus ordinairement dans les champs de blé sont les suivantes :

1° Taupin cracheur, *Elater* (*Agriotes*) *sputator* Fab. Longueur 7 millimètres ; brillant. Il varie pour la couleur, ce qui a donné lieu d'en faire plusieurs espèces. Il a été nommé *Elater variabilis* par Herbst., *Elater obscurus* par Paykull. Du 1er mai au 1er juillet, on le trouve dans les haies, les champs de blé, sur le gazon, etc.

2° Taupin obscur, *Elater* (*Agriotes*) *obscurus* Fab. Longueur 9 millimètres ; brun, couvert d'une épaisse pubescence jaunâtre. Il est commun dans les champs, les bois et les jardins, depuis le mois d'avril jusqu'au milieu de l'été.

3° Taupin a lignes, *Elater* (*Agriotes*) *lineatus* Fab. Commun dans les champs et les haies.

4° Taupin hémorroïdal, *Elater* (*Athoüs*) *ruficaudis* Fab. Il est long de 13 millimètres et large de 3. Brun, brillant, couvert de longs poils jaunâtres. Il est abondant pendant les mois d'avril et de mai, dans les champs de blé, sur les orties et dans les pâturages.

5° Taupin griselle, *Elater* (*Agriotes*) *gilvellus* Zigler. Longueur 10 millimètres, largeur 3. Tête et corselet noirs, finement ponctués ; antennes filiformes, de la longueur du corselet, rougeâtres, écusson noir. Cet insecte varie pour l'étendue de la nuance brune de l'extrémité des élytres. Il est très commun à Champagney, sur les fleurs d'hièble.

Teigne des grains, *Tinea granella* Lin. Sa chenille attaque le blé et le seigle dans les greniers. Dans la première quinzaine du mois d'août elle lie ensemble, avec des fils de soie, trois ou quatre grains entre lesquels elle se cache. A la fin d'août, elle est parvenue à toute sa taille. Sa longueur est alors de 6 millimètres. Elle est cylindrique, blanchâtre ; la tête est d'un fauve marron, avec les mâchoires noirâtres ; elle est pourvue de seize pattes.

Après avoir passé l'hiver à l'état de chrysalide, le papillon s'envole au mois de juin suivant. Il est d'un cendré obscur. Les antennes sont courtes et filiformes ; la tête est couverte de longs poils jaunâtres ; les ailes supérieures sont grises, les inférieures sont noirâtres.

On ne connaît pas de moyen simple et efficace de s'opposer aux dégâts de cette petite chenille. On peut la faire sortir du grenier en remuant le blé ; elle grimpera contre les murs, où il sera facile de l'écraser. Les petits oiseaux du genre Bergeronnette (*Motacilla verna*, *Motacilla flava*) ont l'adresse de saisir les chenilles et les papillons de la Teigne. S'il était possible de se procurer de ces oiseaux, il serait bon de les enfermer dans les greniers où la présence de la Teigne a été constatée.

Le plus sûr moyen est de faire moudre immédiatement le blé attaqué et de bien nettoyer le grenier.

Thrips. On voit souvent dans les champs de blé, depuis la floraison à la moisson, de très petits insectes noirs, allongés, agiles ; parmi eux, entre les écailles on trouve de petites larves rouges. Les uns et les autres se nourrissent aux dépens du blé en suçant la séve qui arrive au grain. Toutefois, ils font peu de tort aux récoltes.

Thrips decora Halid. Longueur 1 millimètre et demi. Noir ; antennes filiformes, abdomen noir, luisant, les quatre ailes blanches, à bords garnis d'une longue frange de poils. Il prend sa nourriture au moyen d'un suçoir formé de trois soies qui sortent d'une fente située sous la tête.

Thrips cerealium Haliday, *Thrips physapus* Kirby. La larve et la chrysalide sont semblables à l'insecte parfait, mais plus petites. La larve est d'un jaune foncé ; les antennes et les pattes sont alternativement cerclées de pâle et de brun. La chrysalide est d'un jaune pâle. L'insecte parfait est lisse, luisant, brun. Le mâle est aptère et la femelle ailée.

Le premier de tous les moyens propres à nous défaire de nos ennemis parmi les lépidoptères consiste à protéger les insectes qui sont en guerre continuelle avec eux.

Cependant, quels que soient les services rendus par les parasites, nous ne pouvons pas compter exclusivement sur eux pour nous débarrasser des chenilles nuisibles, et nous devons leur venir en aide par tous les moyens connus. Il est surtout très utile de tuer les papillons chaque fois que nous pouvons les saisir dans le jour, et les feux de nuit, allumés à propos, auraient l'avantage de nous délivrer d'un grand nombre de lépidoptères nocturnes qui viendraient s'y brûler.

Autres animaux nuisibles aux plantes.

Mollusques.

Limaces. Les petites de couleur grise, nommées Limaces agrestes, sont les plus redoutables, parce qu'elles sont plus abondantes et moins faciles à distinguer que les grosses. Avec de la suie et de la cendre répandues dans le voisinage des plantes que l'on veut protéger, on réussit pendant quelques jours à tenir les Limaces à distance, mais dès que ces substances sont imprégnées d'humidité, elles cessent de former obstacle. On les arrête aussi avec des écailles d'huîtres grossièrement pilées et éparpillées sur le sol. Les fleurs d'acacia mises en petits tas dans le potager et recouvertes de feuilles du même arbre, jouissent de la propriété d'attirer les Limaces; à l'aide de ce piége on peut en détruire beaucoup. Comme l'acacia fleurit tardivement, ce moyen n'est pas applicable en toute saison. Quelques personnes mettent des cœurs de laitue entre les légumes qu'elles veulent préserver des Limaces grises. Celles-ci abandonnent tout pour la laitue, et le matin de très bonne heure on peut les surprendre. On remarquera toutefois que les cœurs de laitue ont une certaine valeur et qu'on ne se soucie guère de les sacrifier à l'époque où l'on repique les premiers choux. Nous croyons que le meilleur moyen serait d'établir des barrages avec de la sciure de bois.

Hélices. On appelle ainsi les Mollusques connus sous les noms vulgaires d'escargots et de colimaçons. Il en existe un grand nombre d'espèces. Ils recherchent les jeunes choux et les jeunes feuilles de haricots. Voici les moyens de défense à leur opposer : une digue en sciure de bois les empêche de passer; la chasse à la main, dans la matinée, surtout après une pluie, est toujours fructueuse ; avec des rameaux d'acacia ou de cytise disposés par petits tas dans le jardin, on est sûr d'en prendre beaucoup. On les attire en cultivant une planche de poireaux, ils se réfugient dans les gaines et au revers des feuilles. Il est à remarquer que les potagers où l'on permet aux poules de chercher leur nourriture à l'automne, sont moins infestés d'escargots l'année suivante que les jardins où les poules ne sont pas tolérées.

FIN.

DU MÊME AUTEUR :

Histoire de l'Agriculture. Médaille d'argent à l'exposition de Besançon.

Traité des plantes fourragères, in-8°.

Mémoire sur les plantes nuisibles, in-8°. 1er prix au concours de Mâcon, en 1864.

Les Plantes industrielles.

Le Drainage et ses effets.

Notice sur les Orchidées.